Polymeric Nanofiltration Membranes:
Preparation and Performance

有机纳滤膜制备与性能

邵丹丹　孙世鹏　著

化学工业出版社
·北京·

内容简介

有机纳滤膜是极具发展潜力和实用性的膜材料，在废水处理、海水净化、精细化工等领域发挥着不可替代的作用。本书基于有机纳滤膜的前沿技术进展，简要介绍了有机纳滤膜的基本结构、制备方法、分离过程以及表征手段和数据分析，着重介绍了碳基纳米材料分离膜制备方法以及构建的光催化自清洁纳滤膜和耐溶剂有机纳滤膜的结构与性能。

本书适宜环境、材料等相关领域的技术人员参考。

图书在版编目（CIP）数据

有机纳滤膜制备与性能 / 邵丹丹，孙世鹏著 . 北京：化学工业出版社，2026. 1. -- ISBN 978-7-122-49174-9

Ⅰ. TB383

中国国家版本馆 CIP 数据核字第 2025DW6711 号

责任编辑：邢　涛　　文字编辑：王　迪　王玉丽
责任校对：刘曦阳　　装帧设计：韩　飞

出版发行：化学工业出版社
（北京市东城区青年湖南街 13 号　邮政编码 100011）
印　　装：北京科印技术咨询服务有限公司数码印刷分部
710mm×1000mm　1/16　印张 9½　字数 200 千字
2026 年 1 月北京第 1 版第 1 次印刷

购书咨询：010-64518888　　售后服务：010-64518899
网　　址：http：//www.cip.com.cn
凡购买本书，如有缺损质量问题，本社销售中心负责调换。

定　　价：98.00 元

前言

随着全球工业化进程的加快与人口数量的持续增长，水资源污染与能源消耗问题日益严峻，推动了新型高效分离技术的研究热潮。膜分离技术因其具有能耗低、操作简便、设备紧凑、过程连续等优点，已广泛应用于环境保护、化工生产、生物医药、食品加工等多个领域。特别是在水处理和有机溶剂分离过程中，纳滤（nanofiltration，NF）膜技术凭借分离效率高、选择性强、运行成本低等优势，正逐步成为膜分离领域的重要研究方向之一。

有机纳滤膜作为目前最具实用性和发展潜力的膜材料之一，在废水深度处理、饮用水净化、精细化学品分离等方面发挥着不可替代的作用。然而，传统有机纳滤膜普遍面临膜污染严重、结构稳定性不足、分离选择性有限等技术瓶颈，严重制约了其在复杂体系中的应用推广。为满足日益严苛的分离需求，亟需从分离机理、结构调控、材料改性与应用性能等方面对有机纳滤膜进行系统深入的研究。

近年来，碳基纳米材料（如碳量子点、碳纳米管、石墨烯及其衍生物）因其优异的化学稳定性、丰富的官能团结构、高比表面积以及良好的亲水性与导电性，逐渐成为功能膜材料构建的热点之一。通过引入碳基纳米材料，不仅可以有效调控有机纳滤膜的微观结构和表面性质，还能显著改善膜的分离性能、抗污染能力及环境稳定性，展现出广阔的应用前景和研究价值。

本书立足于有机纳滤膜分离技术与碳基纳米材料的前沿进展，系统阐述了有机纳滤膜的基本原理、材料选择、制备方法与性能表征，着重探讨碳基纳米材料在膜结构调控、功能层构建、耐溶剂性能增强及自清洁性能提升等方面的关键作用与技术路径。本书旨在为科研人员、高校师生及工程技术人员提供系统的理论支撑与实践指导，推动碳基纳米材料赋能下的有机纳滤膜向高性能、智能化、绿色化方向发展。

鉴于作者水平有限，书中不足之处请读者批评指正。

邵丹丹

目录

第1章

绪　论

1.1　概述

资源与环境作为人类生存发展不可缺少的关键因素，如何对资源实现高效回收利用，保障人类生存以及工业发展的基本需求，营造健康良好的生存环境成为社会发展的关键。但是，进入21世纪以来，随着工业的发展，人口不断增加，再加上对资源利用率低，造成了大量的资源浪费。此外，随着人类和社会文明的不断进步，人类对赖以生存的自然环境的保护意识逐渐增强。因此，如何在社会生活和工业生产中最大化地对资源有效回收与利用，实现健康可持续发展已经成为人们关注的热点。

膜分离技术是一种可以对混合组分进行分离，进而达到资源回收利用的技术。不同于物理法、化学法、生物法、光催化法等水处理技术，膜分离技术不需要添加任何化学试剂，不会改变水体的化学性质，并且能够对有效成分进行分离。更重要的是，与膜分离相关的设备简单、占地面积小、适应性强、灵活性高、操作压力低、能耗小，可以大幅减少分离纯化等领域中化学品的使用。可以说，膜分离技术已经成为社会实现可持续发展的重要方法。

纳滤膜分离技术作为一种高效、低能耗的分离技术，在水处理、食品加工、生物医药和化工分离等领域得到了广泛应用。其中，有机纳滤膜因其优异的膜结构可调性、良好的柔韧性及较低的制备成本，成为研究和应用的热点。近年来，随着材料科学的进步和膜制备技术的优化，有机纳滤膜在分离选择性、抗污染性能、机械稳定性和环境耐受性等方面取得了重要突破。

本书系统介绍了有机纳滤膜的基本原理、制备方法、性能调控及应用进展，重点探讨了不同膜材料及改性策略对膜性能的影响，结合最新研究成果，分析其未来发展趋势和挑战。通过对本书的学习，读者能够深入理解有机纳滤膜的设计理念，为相关研究和产业应用提供理论基础和技术指导。

1.2　有机纳滤膜分离技术

膜分离技术主要有超滤、微滤、纳滤以及反渗透等。在各种膜分离技术中，微滤、超滤、反渗透主要通过聚合物链之间的间隙来进行孔径筛分，从而实现对成分的有效分离。纳滤膜的孔径介于超滤（孔径＞2 nm，可以实现大分子与小分子的分离）和反渗透（孔径＜0.5 nm，可以对所有物质进行截留仅让水透过）之间，孔径为0.5～2nm，截留分子量在200～2000，可以对小分子物质进行有效分离。有别于超滤、微滤等微米尺度的分离，纳滤可以在纳米以及亚纳米等分子尺度之间实现有效的分离回收（图1-1）。相比反渗透膜，纳滤膜具有较低的操作压力、适中的脱盐能力和优异的选择透过性，广泛应用于水处理、食品加工、生物医药和化工分离等领域。随着膜材料和制备技术的不断发展，有机纳滤膜正朝着高通量、抗污染和高选择性的方向优化，为节能环保和高效分离提供重要支撑。因此，目前的商业纳滤膜发展与超微滤相比仍然处于研究和发展阶段，如何实现分子尺度的精准高效分离仍然面临很大的挑战。

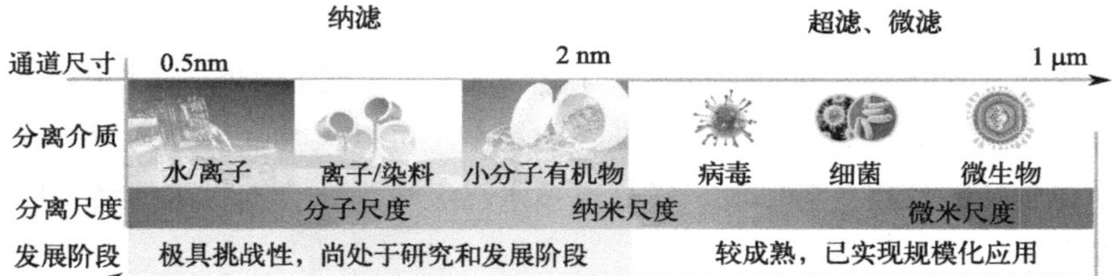

图 1-1　几种膜分离技术的特征及应用研究现状

纳滤（nanofiltration，NF）膜主要包括有机（聚合物）纳滤膜、无机（陶瓷）纳滤膜以及有机-无机杂化纳滤膜。其中，有机纳滤膜（organic nanofiltration membrane）因具有技术简单、成本低廉、运输方便等优势逐渐成为研究热点。与有机纳滤膜相关的包括制备方法、改性、优化以及各个领域的应用研究等方面的论文发表数量也在逐年增加（图1-2）。

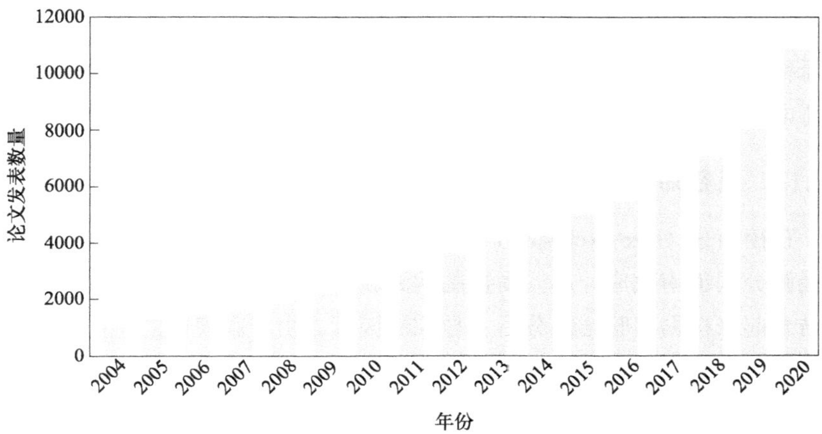

图1-2 2004—2020年以“有机纳滤膜”为主题的论文数量统计（检索来源于谷歌学术）

1.2.1 纳滤膜的分离机理

不同于微滤、超滤以及反渗透等通过聚合物链间距形成网状孔进行分离，纳滤膜的分离机理比较复杂（图1-3），主要有道南效应、孔径筛分和介电排斥。

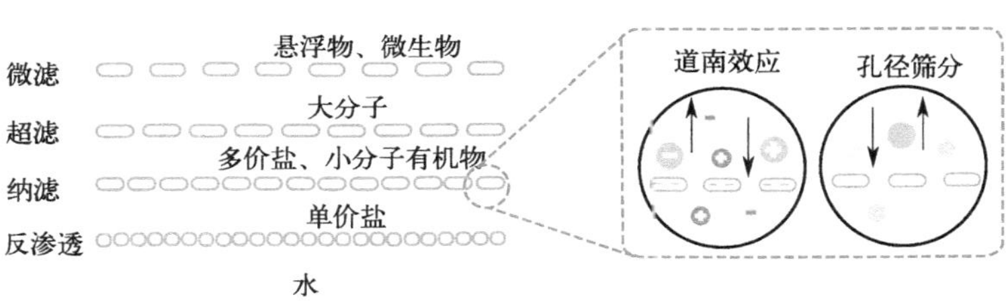

图1-3 纳滤膜的分离机理概览

1.2.1.1 道南效应

道南效应（Donnan effect）是荷电纳滤膜通过与进料液中的带电粒子之间的相互静电力（包括吸引与排斥）来达到分离的目的。可以根据目标溶液的电性来优化纳滤膜表面的电性，利用静电力提升分离效率或者提升膜表面的抗污染性等。由于进料体系的荷电粒子的存在，在过滤的过程中一些带电粒子会沉积在膜表面，这导致了膜表面电荷分布发生变化。因此，在分析处理实际问题时要辩证综合各方面因素看待道南效应，不可简单孤立看待问题。通常，通过 Zeta 电位仪测试膜表面的电位来分析判断膜表面的荷电性质。

1.2.1.2 孔径筛分

孔径筛分（size exclusion）则是根据溶质的空间尺寸进行选择性分离。孔径筛分同道南效应一起，是控制纳滤膜分离的主要因素，一般需要将两者结合起来根据实验结果分析主导控制因素。由于膜表面的荷电性质会影响纳滤膜对溶液中带电溶质的选择性，因此一般选择中性分子来大致判断纳滤膜的孔径分布。

1.2.1.3 介电排斥

介电效应是纳滤膜分离过程中影响离子传输和选择透过性的关键因素之一，主要来源于膜材料和溶液之间的介电常数差异。由于纳滤膜通常由聚酰胺（PA）、聚砜（PSF）、聚偏氟乙烯（PVDF）等高分子材料构成，其相对介电常数（一般在 2 ～ 10）远低于水的介电常数（约 80），这导致了带电溶质在膜相和溶液相中的分布发生变化，从而影响其截留和透过行为。

当带电溶质（如无机离子或极性有机物）进入低介电常数的膜相时，库仑相互作用增强，导致溶质在膜中的自由能升高，形成能垒，使得溶质更难透过膜。这一机制表现为以下两方面。

对高价离子的更强排斥：相比单价离子（如 Na^+、Cl^-），高价离子（如 Ca^{2+}、Mg^{2+}、SO_4^{2-}）由于较高的静电相互作用，在低介电常数的膜材料中表现出更强的排斥作用，因此纳滤膜通常对高价离子的截留率较高。

对带电有机分子的影响：对于极性或离子型有机物（如染料、抗生素等），介电效应会影响其在膜中的溶解度和扩散速率，从而调控其分离选择性。

1.2.2 有机纳滤膜的结构

纳滤膜的结构主要有两种：一种是直接以致密皮层作为选择层的非对称膜，另一种是以非对称膜为基膜，然后制备薄层复合纳滤膜（thin film composite nanofiltration membrane，TFC）。与第一种非对称膜相比，薄层复合纳滤膜的结构更加灵活，可以通过交联、涂覆、接枝等技术对支撑层和选择层分别调控优化膜的性能，大幅扩宽了材料的可选范围。具体结构见图 1-4。

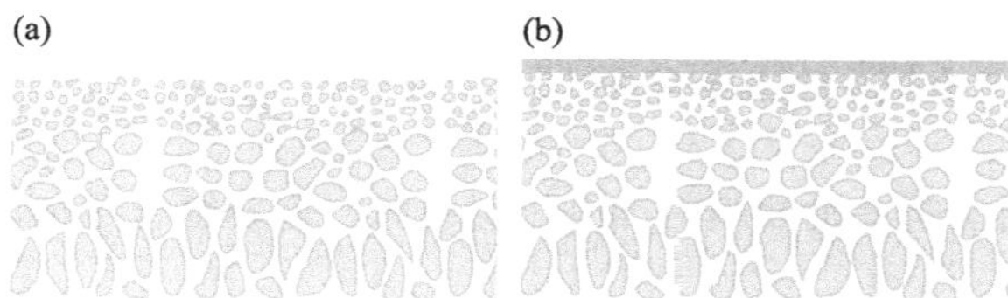

图 1-4 有机纳滤膜的两种结构

（a）整体非对称纳滤膜；（b）薄层复合纳滤膜

（1）整体非对称纳滤膜

整体非对称纳滤膜主要由一种高分子材料制成，其具有相对均匀的孔径分布和较高的膜强度，适用于需要较强机械强度和较高稳定性的应用场景。常用的高分子材料包括聚酰亚胺（PI）、聚醚酰亚胺（PEI）、聚苯硫醚（PPS）等，这些材料具有良好的热稳定性、化学耐受性及较强的耐溶剂性，能够在复杂环境中保持膜的结构稳定。整体非对称膜的制备工艺较为简单，适合大规模生产，但其选择性通常不如复合膜，且膜的性能容易受到膜表面污染的影响。

（2）薄层复合纳滤膜

薄层复合纳滤膜由两层或多层不同功能的材料组成，通常采用高性能的聚酰胺、聚酰亚胺等作为分离层材料，而基底材料则选择具有较强机械强度的聚四氟乙烯（PTFE）、聚酰亚胺等。这种膜结构能够将基底膜的物理强度与分离层的高选择性相结合，具有优异的抗污染能力和高分离效率。薄层复合膜常见的应用包括水处理、饮料过滤及生物医药领域。在薄层复合膜的设计中，膜表面层的孔隙结构、表面电荷及亲水性等因素都会影响膜的分离性能和使用寿命，因此需要对膜材料和制备工艺进行精细调控，以达到最佳的分离效果和稳定性。

1.3 有机纳滤膜的常见材料

有机纳滤膜因其优异的分离性能、较低的能耗以及较强的可加工性，广泛应用于水处理、化学分离、食品加工等领域。不同类型的有机纳滤膜在分离效果、稳定性、抗污染性等方面具有各自的优势和适用范围。

1.3.1 高分子材料的选择原则

在选择用于制备纳滤膜的高分子材料时，需要综合考虑以下几个关键因素。

机械强度与化学稳定性：膜材料需要具备足够的强度，以承受操作压力，同时应能耐受酸、碱、溶剂等化学环境，以满足不同应用需求。

亲水性与抗污染性能：高亲水性材料通常具有更好的抗污染能力，可减少膜表面对污染物的吸附，延长膜的使用寿命。

选择性与渗透性的调控：不同聚合物材料的孔径大小、表面电荷及化学功能基团影响溶质的截留率和透水通量，需要根据具体分离需求优化材料结构。

1.3.2 有机纳滤膜常用有机高分子材料

（1）聚砜及聚醚砜

聚砜（PSF）和聚醚砜（PES）具有优异的机械强度、耐热性和化学稳定性，常作为纳滤膜的基底材料，以增强膜的结构稳定性。PES 相比 PSF 具有更高的亲水性，因此更适用于制备高通量的纳滤膜。此外，通过表面改性（如接枝亲水基团或纳米材料掺杂），可进一步提高其抗污染性能。

（2）聚偏氟乙烯

PVDF 是一种耐化学腐蚀能力极强的氟聚合物，具有优异的热稳定性和机械强度，特别适合作为极端 pH 环境下的纳滤膜。PVDF 膜的表面通常较为疏水，容易被污染，但可通过亲水改性（如使用氧等离子体处理或与亲水聚合物共混）提高其抗污染能力。

（3）聚丙烯腈

聚丙烯腈（PAN）具有较高的机械强度和耐溶剂性，可在极端化学环境下保持稳定，因此常用于耐溶剂型纳滤膜的制备。PAN膜表面通常带有氰基（—CN），可通过化学改性引入亲水基团，提高其分离性能和抗污染能力。

（4）纤维素类材料

纤维素及其衍生物（如醋酸纤维素、羧甲基纤维素等）因其天然的亲水性、可生物降解性和低污染倾向，被广泛用于环保型纳滤膜的制备。然而，纤维素材料通常机械强度较低，耐极端pH能力较差，因此在应用中往往需要进行交联或复合增强处理。

（5）聚醚酰亚胺

聚醚酰亚胺作为一种高性能的有机高分子材料，因其优异的热稳定性、化学耐受性以及机械强度，在有机纳滤膜的基底选择中具有重要应用价值。聚醚酰亚胺的分子结构中含有丰富的酰亚胺基团，这赋予了其良好的耐溶剂性和高温稳定性，使其在复杂的分离环境中能够保持较好的结构稳定性和抗污染性能。此外，聚醚酰亚胺基底的柔韧性和可加工性使其能够与不同类型的活性分离层（如聚酰胺、聚苯硫醚等）进行结合，形成高效的复合膜结构，进一步提高膜的分离性能。基于这些优势，聚醚酰亚胺作为有机纳滤膜的基底材料，为膜的耐久性、抗污染性以及长期使用性提供了有力保障，成为有机纳滤膜领域中备受关注的基底材料之一。

（6）聚酰亚胺

聚酰亚胺作为有机纳滤膜的基底材料，具有优异的热稳定性、机械强度和化学耐受性，因此在高温、强酸强碱及有机溶剂环境中表现出色，能够有效维持膜的结构稳定性。此外，聚酰亚胺优异的耐化学性使其在处理复杂溶液或含有污染物的流体时，具有较强的抗污染能力。良好的膜形成性和可加工性也使其成为有机纳滤膜制备中的理想基底材料。

P84是一种典型的聚酰亚胺材料，因其卓越的热稳定性、化学耐受性和机械强度，在多个领域得到广泛应用。P84 的分子结构中含有苯并二噁烯环状结构，使其具备较高的热变形温度和优异的抗化学腐蚀性，这使得其在高温、恶劣环境下表现出良好的稳定性。在膜分离技术中，P84 特别适用于有机纳滤膜的制备。由于其良好的热稳定性和耐溶剂性，P84 常作为纳滤膜的基底材料，用于液体分离、废水处理、化学品回收等领域。P84 基底膜通常与其他高性能材料结合，形成复合膜结构，能够有效提高膜的机械强度、抗污染性以及分离效率。

（7）其他高分子材料

聚四氟乙烯：疏水性极强，主要用作疏水性分离膜，可通过表面改性实现亲水化。

聚乙烯醇（PVA）：极具亲水性，适合作为亲水改性涂层，提高纳滤膜的抗污染能力。

聚苯并咪唑（PBI）：耐高温、耐酸碱的高性能聚合物，适合用作高温环境下的纳滤膜。

1.3.3　有机纳滤膜材料的改性与优化

为了进一步提高纳滤膜的分离性能和耐久性，近年来研究人员采用多种改性策略对膜材料进行优化，主要包括以下几种策略。

亲水改性：通过接枝亲水基团（如羧基、磺酸基）、表面氧化处理或纳米材料掺杂，提高膜的抗污染性能。

纳米复合增强：将石墨烯、碳纳米管、金属氧化物纳米颗粒（如 TiO_2、SiO_2）等材料掺入聚合物基体，改善膜的机械强度、抗污染能力及分离选择性。

表面功能化：在膜表面引入特定的官能团（如抗菌基团、催化活性基团等），赋予膜额外的功能性，如抗菌、防污、可调节分离性能等。

交联改性：通过化学交联提高膜的稳定性，增强其耐溶剂、耐高温能力，使其适用于更苛刻的分离环境。

1.4　有机纳滤膜的制备方法

纳滤膜的研究可追溯至 20 世纪 70 年代，最初主要基于反渗透技术的延伸与优化，旨在实现对特定溶质的选择性分离。随着材料科学与膜分离技术不断发展，纳滤膜的制备方法也经历了从初步探索到系统优化的过程，并逐步形成了一系列成熟的制备技术。迄今为止，纳滤膜的制备方法已趋于多样化，涵盖了相转化法、界面聚合法、涂覆法、层层自组装及交联技术等多种策略，每种方法均针对不同的应用需求和膜性能优化方向进行不断改进。

1.4.1 相转化法

相转化法是指由聚合物、溶剂、非溶剂以及非溶剂添加剂等几种成分组成的，具有热力学稳定性的聚合物溶液，在外界条件发生改变时，聚合物与溶剂进行交换，发生相分离，最终固化成膜的方法。其中，通过非溶剂致相分离（NIPS）进行相转化的方法工艺简单，参数调整灵活，能够根据需要制备不同结构性能的纳滤膜，是市场和实验室中制备纳滤膜的主流方法（图 1-5、图 1-6）。通过选择合适的聚合物，调整铸膜液的组成，在一定的温度和湿度下，根据需要选择不同的刮刀将铸膜液均匀刮涂在玻璃板上，然后将聚合物薄膜浸入凝胶浴中，进行溶剂和非溶剂的交换，溶剂进入凝胶浴，而非溶剂进入膜内，此时具有热力学稳定性的聚合物溶液逐渐分相，完成溶剂和非溶剂的交换，使聚合物在凝胶槽中固化，得到具有不同孔分布的相转化聚合物膜。调整各个条件，可以通过相转化法一步制备纳滤膜；也可以通过相转化法制备双层平板纳滤膜，或者通过相转化法制备超滤膜，然后通过界面聚合、交联等方法得到致密的选择层来进行分离操作。可以说，相转化法是制备纳滤膜的出发点和基础。

图 1-5 NIPS 法制备相转化膜的流程图

通过 NIPS 法制备的膜结构包括两种孔，一种是聚合物链卷曲之间的孔隙形成的聚合物网络孔，一种是彼此相邻的聚合物聚集体之间形成的聚集体孔（图 1-7）。网络孔的体积要小于聚集体孔，但其数量要远远多于聚集体孔。通过调整相变时间，凝胶浴的组成和温度等条件可以控制形成的非对称膜的孔结构，进而影响纳滤膜的性能。

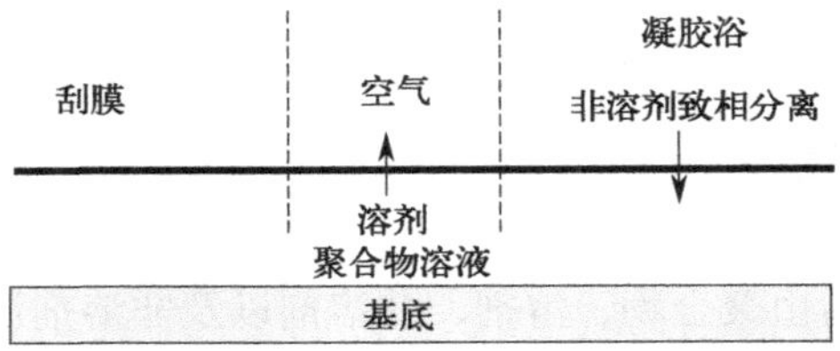

图 1-6　NIPS 制备相转化膜的过程

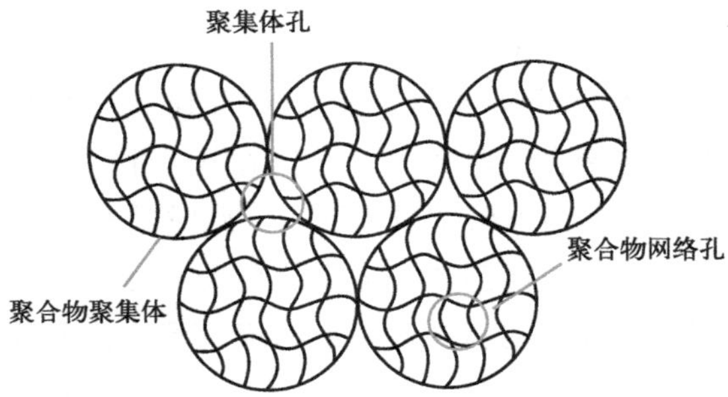

图 1-7　相转化膜的聚合物孔示意图

基于相转化法的制膜策略，许多研究通过小分子交联剂对相转化膜进行交联来达到缩小膜孔构建纳滤膜结构的目的。尤其是应用于有机溶剂体系中的耐溶剂纳滤膜，通常采用聚酰亚胺作为基膜材料，经过交联或者热处理得到耐有机溶剂的基膜或者耐溶剂纳滤膜。为了缩小孔径提高截留率，经常需要加入共溶剂（包括挥发性或者非挥发性助剂）等来影响相转化过程中溶剂与非溶剂之间的交换速率，以获得致密或者疏松的膜结构。目前，有大量的研究工作通过在聚合物溶液中添加纳米材料，利用纳米材料对聚合物流变性的影响来控制制备混合基质纳滤膜。在最新的研究工作中，为了进一步提高制膜效率，Sun 等通过官能团预保护的策略，将纳米胶囊修饰的小分子交联剂加入聚合物溶液中（图 1-8），然后在相转化的过程中精确控制小分子交联剂的释放，直接与聚合物进行交联反应，一步制备了相转化纳滤膜。该膜对具有相似分子量的染料具有精确的筛分能力，同时渗透性高达 37 L · m^{-2} · h^{-1} · bar^{-1}（1bar=0.1MPa）。

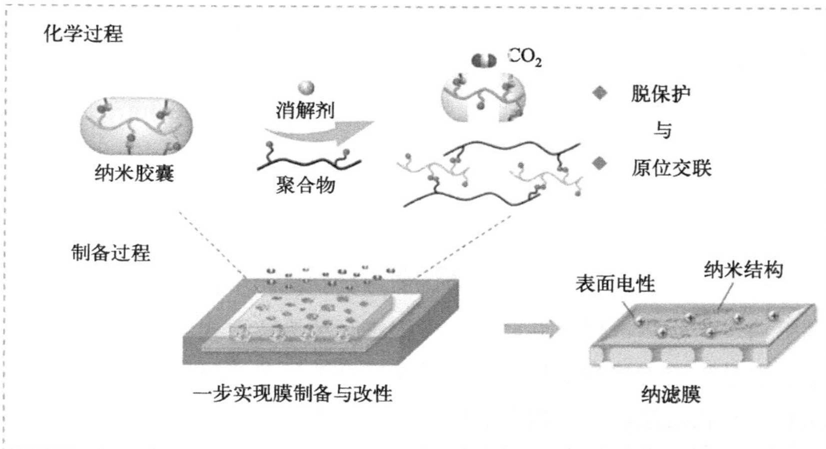

图 1-8 通过官能团预保护策略一步制备相转化纳滤膜的示意图

1.4.2 界面聚合法

界面聚合法的概念最开始由 Mogan 在 1965 年提出。从开始到现在，界面聚合纳滤膜有了巨大的发展。此方法主要基于有机反应中的 Schotten-Baumann 反应，使用两种不相溶的溶剂（水相和有机相）形成反应界面，然后通过在水相或者有机相中添加两种不同的反应单体（有机胺和酰氯）发生聚合反应逐步生成厚度为纳米级的薄膜。如图 1-9 所示，界面聚合反应一般采用两种高反应活性的小分子有机物分别溶解在水相和有机相中，然后两相接触反应形成超薄的聚酰胺选择层。为了提高薄膜的强度，绝大部分界面聚合制备的聚酰胺纳滤膜采用了聚合物超滤膜作为基底。将超滤膜置于含有胺类单体的水相溶液中吸附饱和，然后与含有酰氯的有机溶液接触形成具有良好机械强度的 TFC 膜。

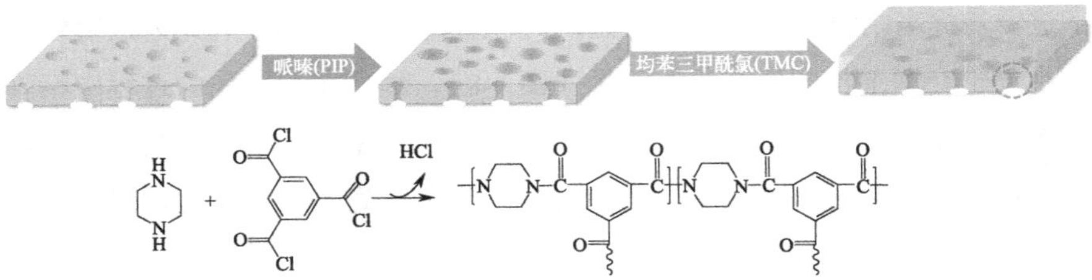

图 1-9　界面聚合法制备聚酰胺纳滤膜的流程及反应机理（以 PIP 和 TMC 为单体）

界面聚合纳滤膜的商业化已逐渐成熟。但是，由于界面聚合过程的反应迅速与不可控性，界面聚合纳滤膜往往通量低下，受 trade-off 效应制约严重。为了提升界面聚合纳滤膜的性能，人们对界面聚合过程的研究不断深入以更好控制膜的结构和性能。由于水相单体在有机相中的溶解度大于酰氯在水相中的溶解度，并且酰氯基团遇水会水解成羧基不利于反应的进行，因此目前的研究观点主要是水相单体扩散到有机相中进行反应。王志教授课题组通过光学测量仪对界面聚合过程进行了原位研究。通过观察选择层的生长以及形貌的演变过程，提出界面聚合法制备选择层的可能机理。当水相和有机相接触时，水相中的胺类单体迅速与有机相中的活泼酰氯进行反应，生成初生膜。由于小液滴体积对应着大比表面积，初始形成的选择层结构处于热力学不稳定状态。在水相单体不断向上扩散的过程中，初生膜表面会形成一系列的小孔，进而允许胺类分子通过小孔扩散到有机相进行反应，直至胺类不能再继续扩散，反应终止，形成界面聚合层（图 1-10）。

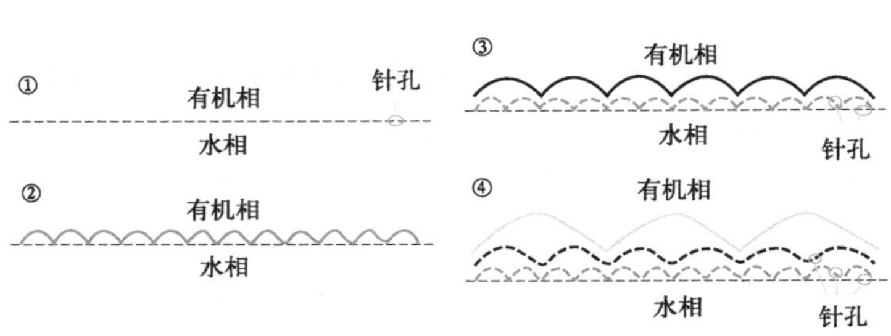

图 1-10　界面聚合层形成过程

界面聚合反应储存在相转化基膜孔内的水相单体与上方有机相中的单体经过扩散反应形成聚酰胺选择层结构。因此，水相单体的种类、水相或者油相中的添加剂、基膜孔径分布等一系列会影响单体扩散或者含量的因素都会显著影响选择层的性能。

1.4.2.1 界面聚合两相的组成

基于界面聚合反应过程的特点，许多研究通过调整水相和油相的组成，包括添加水相添加剂或者油相添加剂来调控界面聚合反应，以优化选择层的性能。

（1）反应溶剂 / 共溶剂

传统的水相和有机相（如正己烷、正十二烷）是不混溶的。两相相遇时，之间可以形成明显的界面，且存在很强的界面张力。研究表明，反应过程中共溶剂的添加可以有效减小界面张力，提高通量。Tsuru 团队发现将丙酮作为共溶剂加入有机相中可以提高间苯二胺（MPD）的溶解度，降低界面张力提升膜性能。Seung 课题组通过向水相中加入溶解度参数介于水和正己烷之间的二甲基亚砜（DMSO）作为共溶剂来调整单体在两相中的溶解度差异，促进 MPD 向有机相的扩散，使 MPD 的浓度分布有更大的波动，进而导致所形成的选择层表面更加粗糙，表面积和聚集体孔增大，极大地提高了 TFC 膜的通量。

（2）水相添加剂

除了添加共溶剂来调整水油两相之间的溶解度差异之外，通过在水相中添加其他小分子单体、表面活性剂、纳米材料等也可以调控选择层的结构和性能。Sun 等利用葫芦脲（CB）的主客体结构将其作为水相添加剂调控纳滤膜的结构和性能，大幅提升了纳滤膜的渗透性，对相似离子实现了精准分离，提升了纳滤膜的抗污染性。在另外的工作中，通过主客体的构建实现了纳滤膜表面图灵结构的控制形成。所制备的纳滤膜对水和异丙醇表现出超高的分离性能，在生物发酵工业中醇类的浓缩领域表现出巨大的应用潜力。Zhang 等通过在水相中添加聚乙烯醇，制备了具有图灵结构的纳滤膜，打破了纳滤膜结构固有的 trade-off 效应的束缚。Suresh 等通过在水相中添加聚乙二醇大幅提升了聚酰胺纳滤膜的抗污染性。Jin 等将表面活性剂十二烷基硫酸钠加入水相中调控界面聚合反应。证明表面活性剂的加入可以调控水相单体向水油界面处的均匀扩散，快速形成结构均匀的选择层结构（图 1-11）。最终使膜渗透性大幅提升的同时，实现了离子之间的精确分离。

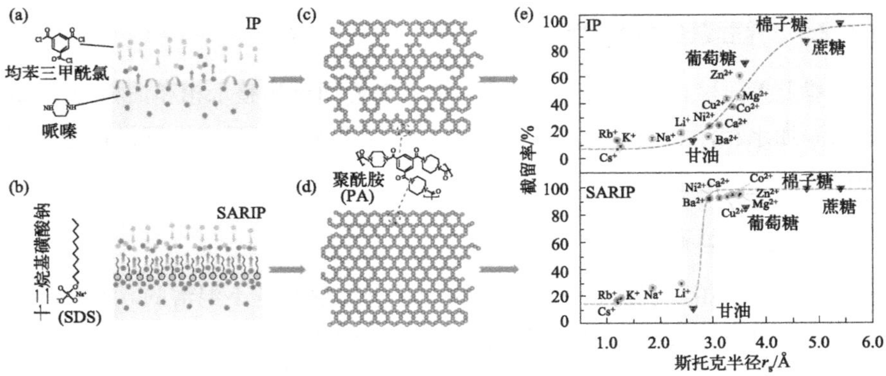

图 1-11　表面活性剂 SDS 调控界面聚合反应形成聚酰胺网络结构对比图

（a）～（d）部分表面活性剂结构示意；（e）葡萄糖、棉子糖、蔗糖的斯托克半径与截留率的关系（1Å=0.1nm）

Tang 等从定量控制的角度将葫芦脲与胺类单体混合后与均苯三甲酰氯反应，实现了膜表面微观形态从脊状结构到枝化状结构的可控转变（图 1-12）。研究通过对水相中两种单体的定量控制来控制膜面的枝化状结构的形成，进一步将膜面结构调控从定性推向了定量。

受到自然界生物微妙构造的启发，许多研究人员将膜结构和性能的设计调控与仿生概念相结合，为膜结构设计及性能调控另辟蹊径。其中，以聚多巴胺为代表的亲水仿生的研究因其在膜调控和性能改善方面具有至关重要的作用而被关注。邵路课题组在聚多巴胺（PDA）仿生膜制备方向开展了一系列研究工作。对聚多巴胺在膜面可能的沉积流程及可能产生的水解产物进行了分析（图 1-13）。研究表明，聚多巴胺涂覆对膜面进行改性，可以显著提高膜面亲水性。仿生概念的结合使膜处理效率与离子分离比之间的 trad-off 效应减弱，且可在一定程度上降低二者之间的牵制作用。

李雪课题组采用聚多巴胺对膜面进行涂覆改性，进而将聚离子液体接枝在改性后的膜面上，设计出一种新型具有自修复性能的聚离子液体压力延迟渗透膜（PRO），如图 1-14 所示。所制备 PRO 的可剥离聚离子液体（PIL）涂层拥有足够高的短距离移动性。通过磺化超支化使可移动聚离子

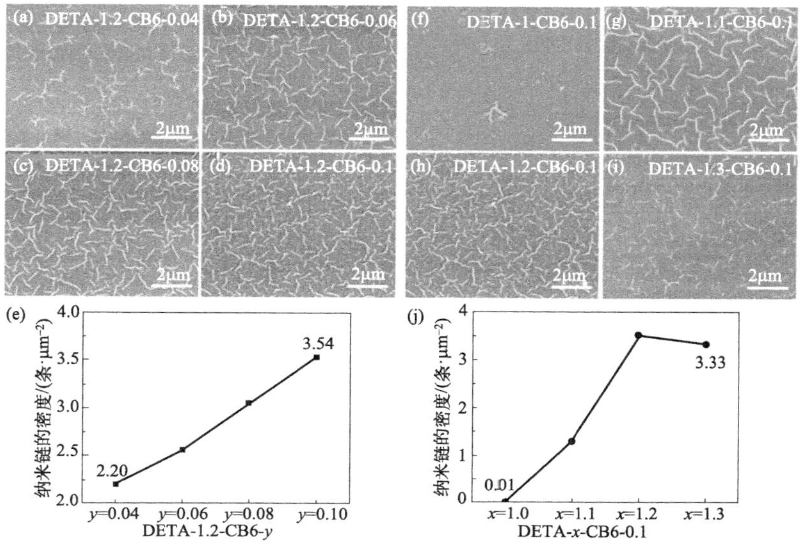

图 1-12 膜表面微观形态及膜表面纳米密度

（a）～（d）二乙烯三胺（DETA）-1.2-CB6-*y* 膜面扫描电子显微镜（SEM）图像；（e）DETA-1.2-CB6-*y* 膜面纳米链结构的密度；（f）～（i）DETA-*x*-CB6-0.1 膜的 SEM 图像；（j）DETA-*x*-CB6-0.1 膜面纳米链的密度

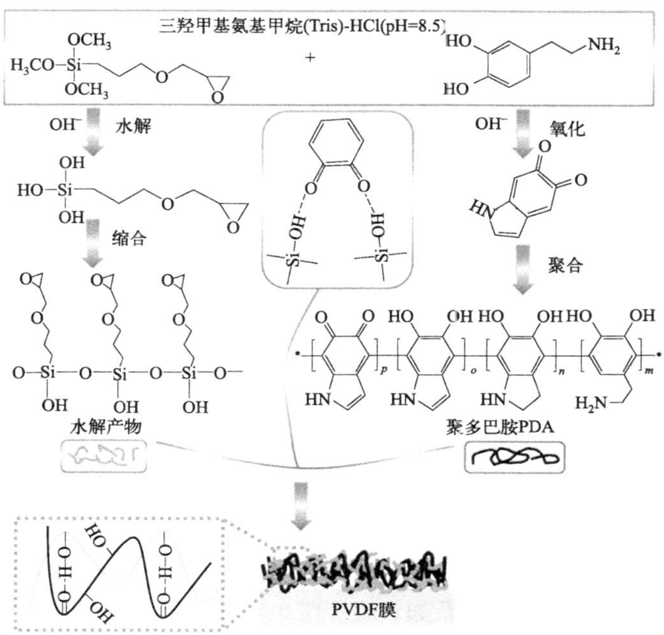

图 1-13 PDA 与 3-(2，3- 环氧丙氧) 丙基三甲氧基硅烷的水解产物共沉积过程

液体通过静电相互作用对膜面受损部位进行自修复。自修复后，通量衰减30%，离子回收率达到98%。

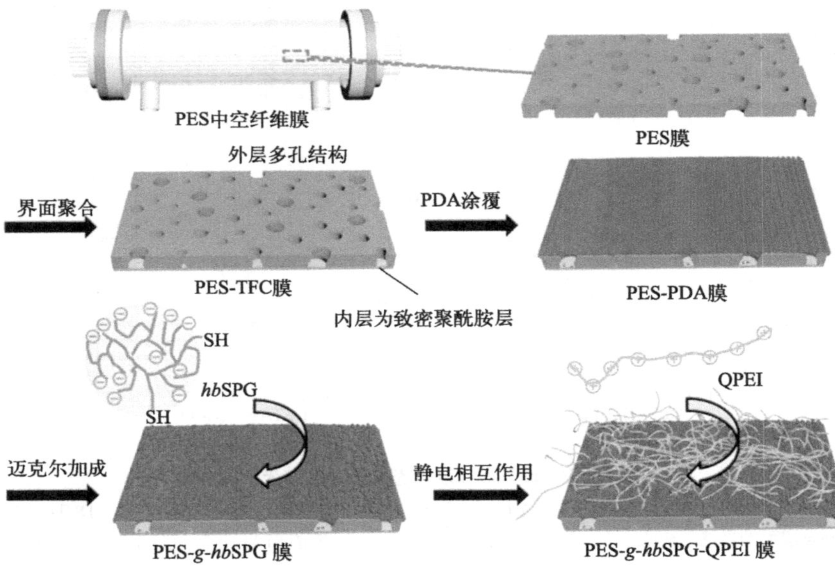

图1-14 PES-*g*-*hb*SPG-QPEI 膜的制备程序示意图

高性能NF膜制备的目的是将其扩大应用于实际的生产过程中，而加热后处理是界面聚合纳滤膜从实验室级别的研究进入大规模产业化并最终应用于实际水处理过程的必经之路。加热后处理过程是NF和反渗透（RO）膜制备过程中的一个重要步骤，可以改善膜对盐离子的截留率，提高界面聚合层的交联度，使膜的聚酰胺选择层更加致密，有利于工业膜的保存和运输。加热后处理主要包括两种方法：界面聚合后的膜在热水中进行加热后处理；界面聚合后将膜置于烘箱中进行加热后处理。Zhao等在PES基膜上采用1.4%（质量分数）TMC和2.8%（质量分数）三乙烯四胺（TETA）进行界面聚合后，在65～70℃下在烘箱里加热10～15 min。提高热处理温度会使界面聚合形成的聚酰胺选择层（IP层）中的聚合物链间堆积更紧密，并使IP反应更完全，从而使膜的IP层变得更加致密。Zhan等在界面聚合后对膜在20～80℃进行加热后处理0～10 min，发现膜的表面结构变得更加致密，且随着加热后处理温度上升，膜面水接触角上升，膜面负电性逐渐减弱。随着加热后处理温度上升，膜的截留分子量也逐渐变小，纯水通量逐渐下降。加热后处理温度继续上升，膜的纯水通量变化趋于平缓。Rahimpour 等研究了在水中加热后处理和高温空气后处理对膜性能的影响，表明两种后处理方法都会在一定程度上使膜通量衰减。

为了解决膜在加热后处理过程中膜性能的衰减问题，科学家们尝试添加甘油和其他种类的保湿试剂进行膜孔保护。尤其在膜产业化过程中，会通过甘油浸泡对膜孔进行初步保护，再进行两次烘箱干燥处理制得干膜。如图 1-15 所示，传统的商业膜制备过程包括膜在水相单体中浸泡，在油相中与 TMC 反应形成聚酰胺选择层，用甘油等保护剂处理后经两次干燥后处理，得到干膜后再进行收卷。在该过程中甘油等添加剂的加入不仅起到保持膜通量的作用，还保留了膜的孔径分布。经过保湿剂浸泡的膜经过两步烘干处理后能够在一定程度上增加膜的选择性，抑制膜通量大幅度衰减。

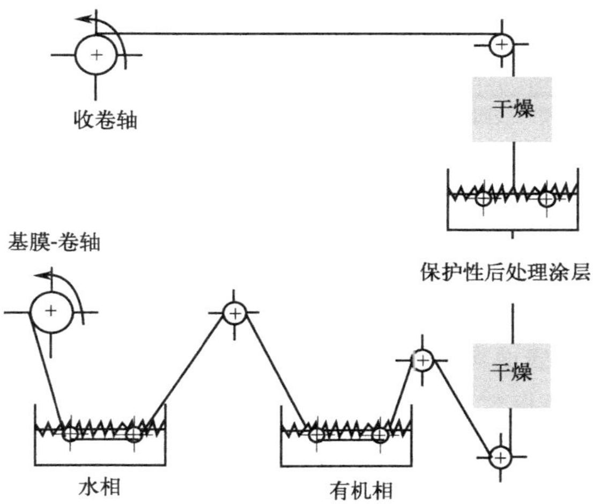

图 1-15 产业化过程中膜的两次加热后处理过程

1.4.2.2 基膜的结构与性质

在界面聚合反应过程中，水相单体首先储存在基膜孔内，然后与有机相接触反应。因此，基膜的微观结构，如孔径大小和分布等可以极大地影响界面聚合反应过程。新加坡国立大学的钟台生院士课题组提出了基膜的微观结构对不同 TFC 形貌影响的概念模型。研究发现，当基膜孔径较小时，孔内胺分子的释放和扩散受限，两相接触扩散所形成的对流较弱，不足以引起初生膜的卷曲折叠，形成较光滑的表面（图 1-16）。当基膜孔径较大时，两相溶液接触时发生快速扩散反应，使初生膜内部形成湍流，最终造成膜的变换扰动形成更粗糙的选择层。

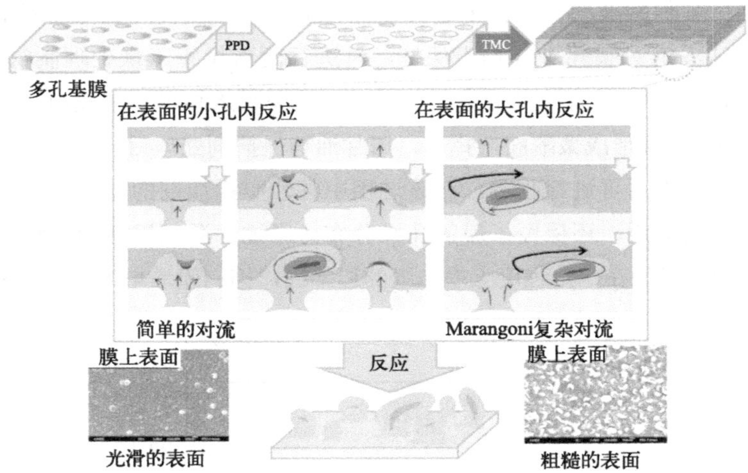

图 1-16　基膜的孔结构对界面聚合选择层形貌影响的理论模型

除了膜表面结构，膜表面的亲水性也会显著影响选择层的结构。深圳大学牛青山教授课题组通过调整施加在界面上的压力来控制膜含水量。研究发现，当基膜表面含有较多的水分时，界面聚合反应倾向于形成折叠的叶状膜。Hoek 等探究了基膜表面的亲水性对选择层的影响。由于表面张力的存在，水相在疏水基膜内呈现凸液面，在亲水基膜内呈现凹液面（图 1-17）。所呈现的液面具有差异，最后会导致形成的聚酰胺能够分布在膜孔上方或者是膜孔内部，直接影响膜的渗透性。并且，亲水性的基膜有利于胺类单体在膜孔内进一步渗透，使单位体积内分子数目减少，这就限制了其与酰氯接触反应时所呈现的瞬时爆发力，从而形成更加光滑的膜表面。

为了最大程度上缓解基膜的结构带来的传质阻力升高和形成的选择层致密导致通量低的问题，研究人员着眼于开发低阻力的基膜或者不使用基膜制备自支撑（free-standing）纳滤膜。Sun 等开发了具有贯穿孔的静电纺丝基膜，通过界面聚合反应制备的耐溶剂纳滤膜表现出超高的溶剂渗透性和溶质选择性。Chung 等通过氨基化的环糊精与酰氯在无基膜的情况下直接进行界面聚合反应，开发出约 10 nm 厚的 free-standing 纳滤膜，利用环糊精的 Janus 通道实现了有机溶剂的快速渗透。Niu 等通过对基膜进行修饰帮助水相单体完全润湿基膜表面（图 1-18），然后将膜置于实验室自制的超声雾化反应器中进行界面聚合反应，经过热处理使新生的界面聚合选择层自发附着在基膜上方制备超薄纳滤膜。此方法简化了传统 free-standing 膜复杂的制备过程，有利于连续化生产，并且通过此新型原位界面聚合法生成的超薄复合膜厚度降至约 3.3 nm，表现出超高的渗透性和 NaCl 选择性。

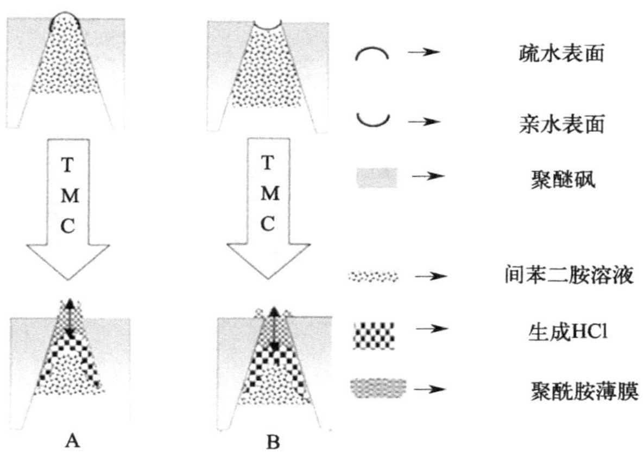

图 1-17 基膜的亲水性对界面聚合形貌的影响

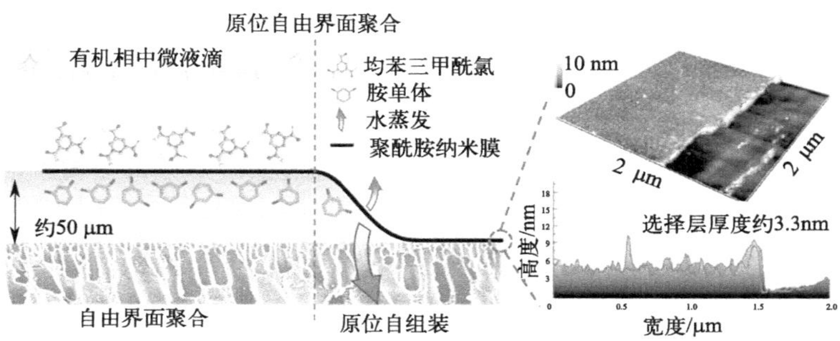

图 1-18 新型原位界面聚合法制备超薄纳滤膜示意图

1.4.2.3 中间层的构建

在界面聚合反应过程中，新生的聚酰胺选择层往往会在基膜孔内形成，降低纳滤膜的渗透性。大量的研究证明，将纳米材料设计成中间层，能大幅提升纳滤膜的渗透性。胡云霞课题组将碳纳米管（CNTs）作为中间层随后进行界面聚合（图 1-19）。对不同情况下制备的选择层的背面进行分析，证实了聚酰胺会在基膜孔内形成，而中间层的存在能有效抑制其在孔内形成。随后，其又进一步提出碳纳米管作为中间层紧密堆叠形成的毛细管作用力，能够进一步阻止水相单体过多深入基膜孔内，使选择层在中间层上方形成，从而降低传质阻力。

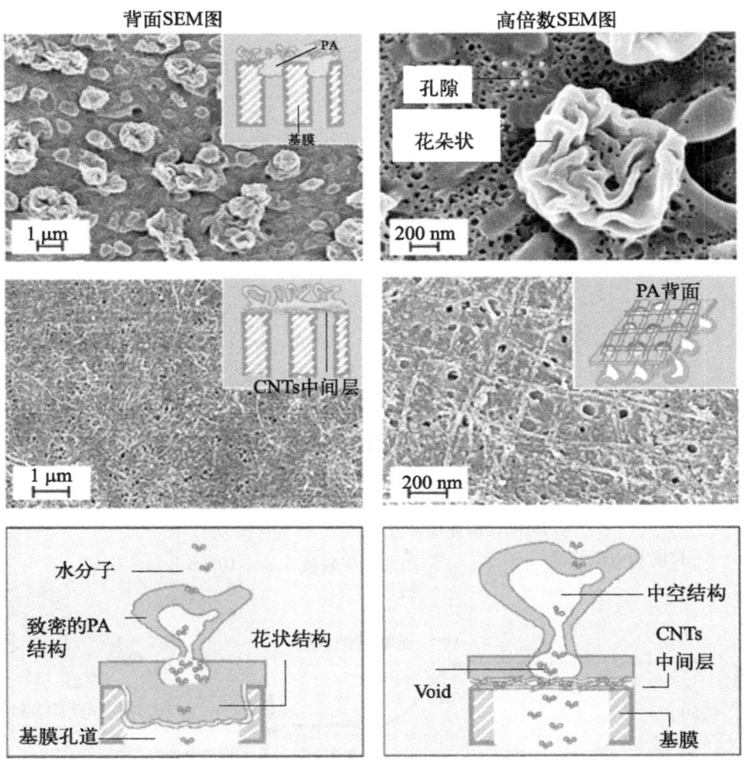

图 1-19 碳纳米管作为中间层对界面聚合纳滤膜形成的结构及性能的影响

类似地，借助中间层的概念，Livingston 等将纳米材料设计为中间牺牲层制备界面聚合纳滤膜（图 1-20）。通过中间层的引入，抑制聚酰胺选择层在基膜孔内形成。然后通过外部手段将中间层处理掉制备了约 8nm 厚的超薄聚酰胺纳滤膜，其表现出超高的溶剂渗透性。

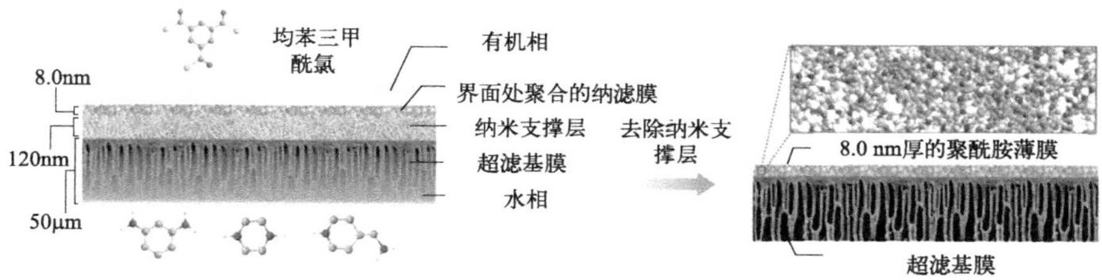

图 1-20　纳米材料为中间牺牲层制备界面聚合纳滤膜的流程

由此可见，单体的性质（如结构、溶解性、电荷等）、对基膜的预处理（如使用表面活性剂提升其亲水性）、将不同的添加剂（如纳米材料、表面活性剂、不同结构的单体）加入水相或者有机相以及利用其他亲水性的分子（如离子液体）等对选择层进行后处理来进一步改变膜表面的电性、亲水性等的方法均可以通过不同的机理来影响选择层的结构或者性质等。通过选择不同的方法或者功能化单体可以有效提升纳滤膜的渗透性、选择性、分离性以及抗污染性等。

1.4.3　纳米分离膜的构建

随着新型纳米材料的不断发现，人们对纳米材料的研究愈加深入，纳米材料开始在膜的研究领域大放异彩。尤其是以石墨烯、MXene、g-C_3N_4 以及 MoS_2 等为代表的二维材料，利用层间通道和纳米片的固有缺陷进行超快传输和分离，在限域传质纳滤膜的构建上表现出巨大的潜力。目前，基于二维材料的纳滤膜的制备，往往需要首先将堆叠的纳米片剥离成单层或者少层，然后在外界作用力下重新堆叠成二维层状膜（图 1-21）。目前，制备二维层状膜的主要方法有真空辅助过滤、旋涂、压滤以及层层自组装等。王景涛等发现与压滤相比，真空辅助过滤得到的层状膜堆叠更加无序。姜忠义课题组经大量的实践后发现不同的制备方法主要影响膜的有序排列程度，因此不同制备方法的膜具有不同的性能。

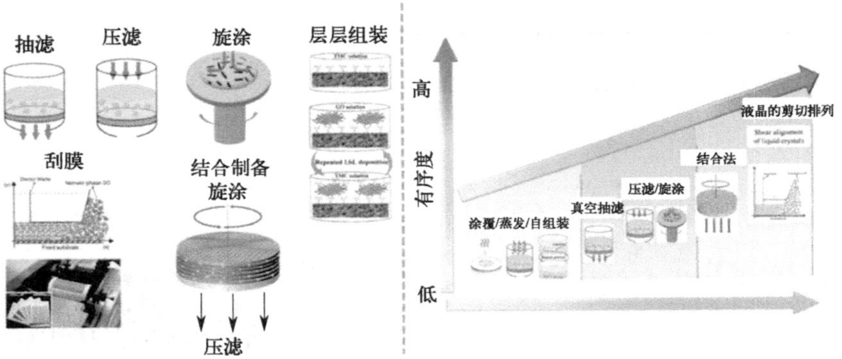

(a) 常见制备方法　(b) 2D层状膜的常见制备方法制品通道有序性差别

图 1-21　2D 层状膜的常见制备方法及其通道的有序性差异

二维分离膜利用纳米片层间距进行快速传输，在打破 trade-off 效应上有着独特的优势，因此基于二维材料的纳滤膜在水体系以及有机溶剂体系中的应用表现出巨大的潜能，引起了研究人员的广泛关注。Xu 等通过真空辅助抽滤的方法制备了 MoS_2 分离膜用于有机溶剂体系。所制备的二维膜表现出超高的溶剂渗透性，同时对小分子具有很高的分离性能。该膜在不同 pH 值的溶液中浸泡 60 天后膜结构和性能保持稳定，表现出良好的耐酸碱性。Xie 等通过刚性的二维 MXene 纳米片与碳纳米管制备了纺锤形的纳米材料复合膜。基于分级传输的协同效应，该膜对小分子表现出高选择性和溶剂渗透性。Han 等利用二维石墨烯（GO）与 MXene 纳米片制备了二维复合膜。由于 GO 与 MXene 刚性的差异，因此复合膜的渗透性与纯的 GO 膜相比，其对溶剂的渗透性大幅提升，其对溶剂中的小分子染料的选择性高于 90%。

但是，二维分离膜在制备和应用的过程中也要解决溶胀问题：在浸入水中时，由于纳米片的亲水性和负电性的基团会吸水产生水合作用和静电排斥力。这些作用力可能会克服相邻纳米片之间的弱相互作用力，最后使层间距不断增大，直至膜崩解。目前，大多数研究主要通过引入离子、外界纳米材料以及交联剂等其他后处理手段来解决二维分离膜的溶胀问题，提升二维膜的结构稳定性（图 1-22）。

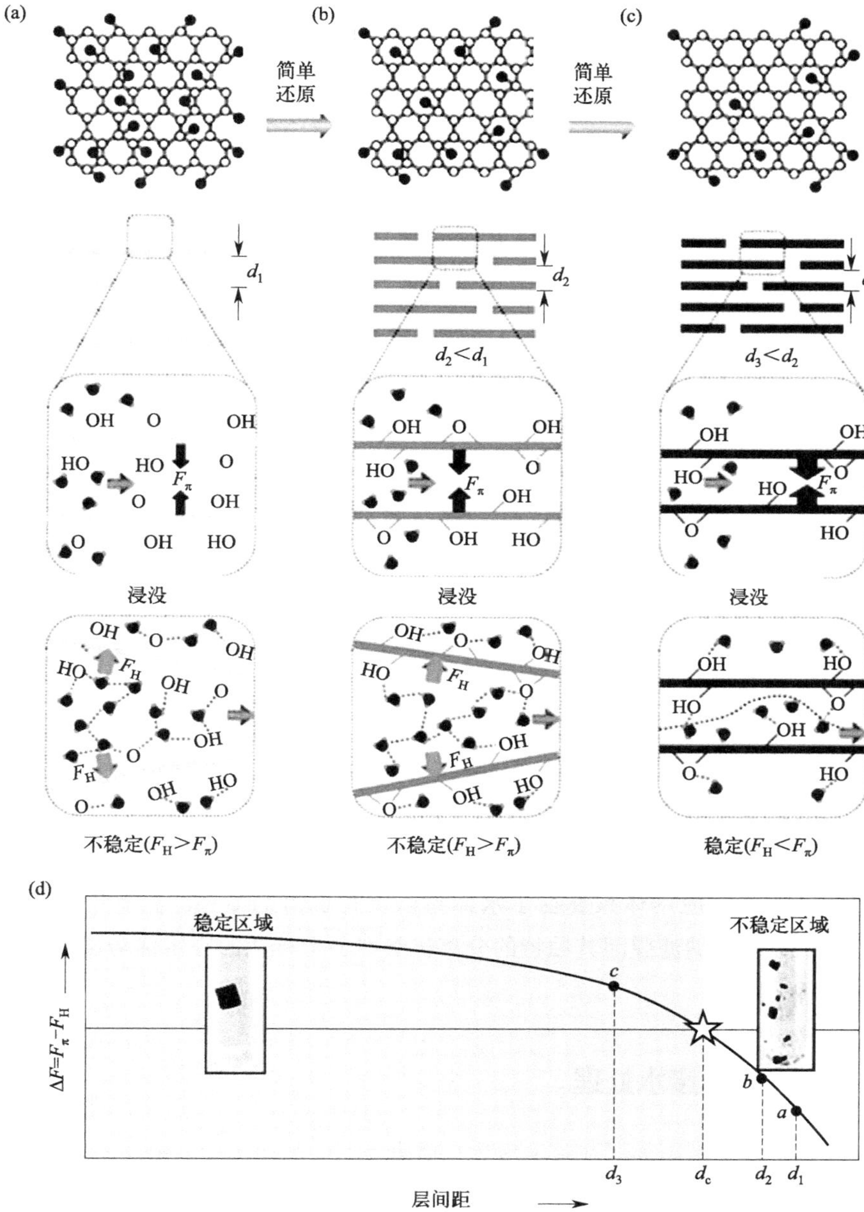

图 1-22　层间距对二维分离膜的结构稳定性的影响示意图

（a）二维分离膜不稳定状态（一）；（b）二维分离膜不稳定状态（二）；
（c）二维分离膜稳定状态；（d）稳定状态与层间距的关系

1.5 有机纳滤膜的应用

纳滤膜因其孔径为0.5～2 nm，位于超滤和反渗透之间，可以利用孔径对不同大小的分子进行分离，同时由于纳滤膜表面的荷电性质，又可以实现相似离子的分离，因此在饮用水处理、食品、工业废水处理、石油化工等领域实现物质的有效分离和资源回收有着重要意义。比如，利用纳滤膜对二价离子的高截留率，有效去除饮用水中的Ca^{2+}、Mg^{2+}等离子，同时保留微量元素。此外，纳滤膜可以用于食品工业的某些单元操作中，包括乳清、果汁、酒品脱醇的一系列浓缩过程；利用纳滤膜的低温低压操作优势可以最大程度地保留物质的口感，同时降低运输成本。在工业生产中，通过调控纳滤膜表面的电性以及孔径，可以有效用于盐湖/卤水提锂，印染工业中染料分子的分离与回收，去除水中的抗生素等PPCPs（pharmaceutical and personal care products）新型污染物。纳滤膜除了在水体系中有广泛应用以外，纳滤膜在有机溶剂体系的应用也在不断进行拓展。Sun等前期开发了交联聚酰亚胺基膜制备耐溶剂纳滤膜，该膜在表现出良好溶剂渗透性的同时可以有效去除抗生素。其在另一个工作中开发了新型双层有机纳滤膜用于回收正己烷中的卵磷脂。此外，在含有精馏、蒸发、萃取等高能耗密集环节的石油化工或者生物制药等领域会消耗大量的热量或者有机溶剂等来对有效组分进行分离提纯。有研究表明，通过膜分离技术可以使80%的分离过程能效提高10倍。由此可见，纳滤膜的应用体系囊括了水体系以及有机溶剂体系，具有十分广阔的应用前景。纳滤膜因其独特的分离优势在各个行业的应用优势逐渐显现出来。

1.5.1 工业废水处理

有机纳滤膜作为一种介于超滤与反渗透之间的压力驱动型膜分离技术，近年来在工业废水处理领域得到了广泛关注。其核心优势在于对分子量在200～1000之间的有机物具有良好的截留能力，同时对小分子无机盐具有一定的透过性，使其在废水深度处理与资源回收方面具有显著优势。目前，有机纳滤膜技术已被广泛应用于印染、制药及化工等工业领域，成为实现高效污染物去除与水资源循环利用的重要手段。

1.5.1.1 印染废水的脱色与有机物去除

印染废水主要来源于染色、印花及后处理等生产工序，含有大量染料、助剂和表面活性剂等难降解有机物。这类废水具有高色度、高化学需氧量（COD）等特点，传统处理方法难以达标排放。纳滤膜对染料分子具有良好的截留能力，可实现显著的脱色效果，并有效去除大部分有机污染物。其部分透盐性能还能保留水中部分无机盐，降低后续处理负担。研究表明，纳滤膜对活性染料的去除率可超过 90%，对色度的去除率甚至达到 95% 以上，具有良好的实际应用价值。随着膜材料的不断优化，处理效率和膜使用寿命也得到了明显增加。

1.5.1.2 制药废水中抗生素和药物残留的分离

制药废水成分复杂，常含有抗生素、药物中间体及其代谢产物，这些物质具有潜在的生态毒性和抗性基因扩散风险。有机纳滤膜可高效截留上述微污染物，是实现药物废水深度净化的重要技术手段。例如，对磺胺甲噁唑、红霉素等典型抗生素，商业纳滤膜（如 NF90、NF270）的去除率普遍可达 90% 以上。同时，纳滤膜运行条件温和，适用于热敏性药物的回收与浓缩，能够有效结合生物处理或氧化工艺，实现污染控制与资源回收的双重目标。

1.5.1.3 化工废水中有机污染物的浓缩与回收

化工废水通常含有苯酚、胺类、酯类等高浓度有机污染物，不仅污染性强，且往往具有一定的资源价值。纳滤膜可用于这些有机物的选择性浓缩与回收，兼顾环境保护与经济效益。在阿莫西林等医药产品的生产废水中，纳滤膜能有效回收目标产物，并减少废液排放量。同时，将纳滤膜与膜生物反应器（MBR）结合的集成工艺，可显著提升污染物去除效率，降低膜污染程度，提高系统稳定性和出水水质，为工业过程废水治理提供了可靠方案。

1.5.2 饮用水处理与净化

随着工业化进程的加快和人口的不断增长，水源污染问题日益严重，饮用水安全面临严峻挑战。传统饮用水处理工艺如混凝沉淀、砂滤、活性炭吸附等在去除微量有机污染物、微生物、重金属离子以及内分泌干扰物等方面存在一定局限性，难以满足人们对高品质饮用水的需求。有机纳滤膜以其独特的选择性透过特性和较高的污染物去除效率，已逐渐成为饮用水深度净化与再生的重要技术手段。研究表明，纳滤膜对天然水体中的腐殖酸、农药残留、三氯甲烷前体物、抗生素、激素类等微污染物的去除率普遍在 80% ～ 99%，能够大幅度提升饮用水的水质安全。

在城市供水系统中，纳滤膜常用作传统处理工艺的深度净化环节，与活性炭过滤、臭氧氧化等单元组合使用，可实现多级污染物的协同去除。例如，一些欧美国家已在自来水厂中配置纳滤膜处理单元，用于去除地表水中存在的除草剂、杀虫剂、药物残留以及天然有机物（NOM），有效抑制消毒副产物如三卤甲烷（THMs）和卤乙酸（HAAs）的生成。此外，纳滤膜还被广泛应用于地下水除硬，去除砷、氟、硝酸盐等无机污染物，尤其适用于农村或边远地区小型集中供水系统，在提升饮用水安全保障水平方面发挥了重要作用。

近年来，随着生活用水品质要求的提升，纳滤膜技术也逐渐进入家庭和商业终端市场。在家庭净水设备中，纳滤膜以其具有低压运行、高水通量和对人体有益矿物质的保留能力的优势，逐渐成为超滤和反渗透技术的有力补充和替代。相较于反渗透系统，纳滤膜运行所需压力更低，能耗更小，同时产水量更高、废水比例更低，更加环保节能，适合居民长期使用。在医院、学校、写字楼等公共场所，采用纳滤膜的直饮水系统也越来越普及，其为用户提供持续、安全、优质的饮水服务。

尽管纳滤膜在饮用水净化方面展现出广阔的应用前景，但其发展仍面临诸多挑战。一方面，目前市场上应用的商用纳滤膜多数为聚酰胺类薄膜，存在易被氯化、膜污染等问题，影响其长期运行稳定性；另一方面，部分微量污染物如小分子药物代谢产物、内分泌干扰物等对膜的截留机制尚不完全清楚，急需开展更深入的研究。此外，膜组件的模块化设计与系统集成优化也是纳滤技术大规模推广过程中急需解决的关键问题。

总体来看，有机纳滤膜在饮用水净化方面兼具选择性截留与高效脱除的双重功能，能够有效提升水质、保障人体健康，是实现饮用水深度处理与安全供给的重要途径。随着纳滤膜材料性能的不断提升以及膜系统运行工艺的优化，其在城乡供水、分布式净水、应急净水及高端饮用水领域的应用将进一步拓展，助力构建更加安全、绿色、智能的现代水处理体系。

1.5.3　食品与饮料工业

食品与饮料工业对水质、原料分离纯化和产品安全有着极高的要求。在传统工艺中，常依赖加热蒸发、沉降、离心、过滤、吸附等手段来实现成分分离、浓缩和提纯，但这些方法往往存在能耗高、工艺流程复杂、对产品活性破坏大等问题。随着膜分离技术的不断发展，有机纳滤膜凭借其低能耗、常温操作、分子级选择性分离等优势，在食品和饮料工业中得到越来越广泛的应用，成为提升产品品质与生产效率的重要技术之一。

有机纳滤膜在食品加工中最常见的应用之一是糖类溶液的脱盐与脱色。传统工艺处理糖蜜或果葡糖浆时，难以同时实现无机盐去除和保持有效成分。纳滤膜则能够有效截留糖类大分子，同时允许小分子盐类、部分色素等透过，实现糖浆的脱盐脱色而不损失主要营养成分。例如，在果葡糖浆生产过程中，纳滤膜的引入不仅提升了糖液的纯净度，还降低了后续处理负担和能耗，提高了生产效率和产品质量。

在乳制品加工领域，纳滤膜可用于乳清蛋白的浓缩、乳糖与无机盐的分离、牛奶除菌及风味浓缩等多个环节。乳清是一种富含营养的小分子蛋白质副产物，传统浓缩方法容易导致蛋白质变性，而纳滤膜则能在常温下温和操作，有效保留乳清蛋白的活性成分。同时，通过选择透过特性，纳滤膜还可将乳糖与无机盐从蛋白质中分离出来，实现资源的精细化利用。该过程不仅促进了乳品副产物的高值化转化，也为“零排放”型乳品工厂的建设提供了技术支持。

在饮料行业中，纳滤膜同样发挥着关键作用。它被广泛用于茶多酚、咖啡因、植物提取物、天然香料等功能因子的提纯与浓缩。由于这些天然成分对温度敏感，传统蒸发浓缩法容易造成活性物质降解或风味损失，而纳滤膜在低温条件下运行，能有效保护目标产物的生物活性和天然风味。例如，在绿茶提取物生产中，纳滤膜可用于从水提液中高效分离茶多酚和咖啡因，同时去除非目标小分子物质，实现高纯度浓缩液的制备。

此外，纳滤膜在酿酒行业中的应用也越来越广泛。其可用于酒类饮料的除浊、脱色、降低酒精浓度等工艺，既能提升产品稳定性，又保留了酒体的风味特征。例如，在低度葡萄酒或低醇啤酒的加工中，纳滤膜可以选择性透过酒精分子，降低酒精度数而不影响其他风味成分，为开发健康化、个性化酒饮提供了新技术路径。

纳滤膜在食品工业中的应用，不仅提高了产品纯度、延长了货架期，还降低了能耗、减少了副产废弃物的排放，契合现代绿色食品加工的发展理念。然而，膜污染、膜通量下降、清洗维护成本高等仍是限制其大规模推广的瓶颈。为此，近年来研究者通过表面改性、涂覆抗污染涂层、错流操作模式等技术手段，显著提升了纳滤膜的耐久性和运行稳定性。

1.5.4 生物制药与精细化工分离

在生物制药与精细化工领域，物质的提纯与分离是整个工艺流程的关键环节，直接关系到产品的纯度、质量与收率。传统分离手段如结晶、萃取、色谱分析、蒸馏等虽然广泛应用，但常常存在步骤复杂、能耗高、处理能力有限以及对热敏性物质不友好等问题。有机纳滤膜作为一种温和、高效、绿色的分离技术，凭借其在分子级别的选择性截留能力，正在成为生物制药和精细化工行业中替代或补充传统工艺的重要工具。

在生物制药工业中，有机纳滤膜主要应用于抗生素、维生素、蛋白质、多肽及其中间体的提纯与浓缩。与反渗透膜相比，纳滤膜在保留大分子有效成分的同时，允许低分子副产物、溶剂及无机盐透过，从而实现目标物的选择性富集。例如，在青霉素、头孢菌素等β-内酰胺类抗生素的生产过程中，纳滤膜可用于发酵液的粗分离与中间体浓缩，既提高了有效成分的回收率，又减少了后续提纯负担，降低了有机溶剂的使用量与环境排放量。特别是在多步精制工艺中，纳滤膜的引入显著简化了工艺流程，提升了整体生产效率。

此外，纳滤膜对蛋白质和多肽等热敏性生物活性物质的处理也表现出显著优势。其常温低压的操作条件有效避免了高温或强酸碱对蛋白质结构的破坏，适用于疫苗蛋白、酶制剂、胰岛素等生物制品的浓缩与脱盐。纳滤膜还能有效去除制药过程中残留的有机溶剂与副产物，提高药品安全性，符合绿色制药与GMP（good manufacturing practice）生产要求。

在精细化工领域，纳滤膜被广泛用于染料、香料、表面活性剂、农药中间体等高附加值产品的分离与回收。以染料生产为例，纳滤膜可高效分离染料分子与小分子盐分，实现染料浓缩、废水脱盐以及染料的回用，减少资源浪费与环境污染问题。在合成香料或精细有机中间体的制备中，纳滤膜能实现反应产物与残余反应物、催化剂等的分离，有效提高目标产物纯度，推动流程连续化与自动化。

锂和镁是两种在现代工业中具有重要应用的金属元素。锂被广泛用于电池、合金、药物等领域，而镁则作为一种轻金属，广泛应用于航空航天、汽车制造等领域的轻质合金中。随着锂资源的日益紧张，锂的回收和提取变得越来越重要。在许多锂矿中，锂和镁常常共存，如何从含镁的溶液中高效分离锂，成为当前技术研究的一个重要课题。

锂镁分离的技术难点主要源于两者在化学性质上的相似性。首先，锂离子和镁离子都带有正电荷，并且它们的离子半径和水合半径非常接近，导致它们在水溶液中的行为非常相似。这使得传统的分离方法，如溶剂萃取、离子交换等，面临很大的挑战。这些方法不仅在分离效率上存在不足，而且往往需要高能耗和使用有毒化学试剂，带来了较大的环境负担。尤其是在高浓度锂镁混合溶液中，传统方法难以实现高效、选择性分离，且分离后的锂镁回收率较低。因此，寻找一种既高效又环保的分离技术成为了亟待解决的问题。

有机纳滤膜（OSF）技术在锂镁分离中展现了其独特的优势。纳滤膜的分离原理基于膜的孔径和表面电荷特性，它能够通过物理筛分和电荷相互作用对不同离子进行选择性透过。在锂镁分离过程中，镁离子水合半径较大，导致其比锂离子更难通过膜的孔隙。通过精确调节膜的孔径和表面化学性质，可以使膜对锂离子具有较高的透过性，而对镁离子则具有较强的阻挡作用，从而实现两者的高效分离。这种高选择性的分离能力使得纳滤膜在锂镁分离中具备了显著优势。

此外，纳滤膜在锂镁分离中的另一个突出优势是低能耗和环保性。与传统的溶剂萃取和离子交换方法相比，膜分离过程无须高温高压或大量化学试剂，通常在常温常压下即可进行，极大地减少了能量消耗和化学废物的排放。这不仅降低了分离过程的运营成本，也使得纳滤膜成为一种更加绿色、可持续的分离技术。由于膜的连续性操作特性，它还具有较高的自动化水平，减少了人工操作和维护成本，进一步提高了其经济性和实用性。

有机溶剂纳滤膜近年来的兴起，进一步拓展了纳滤膜在有机介质中的应用边界。传统纳滤膜多基于亲水性高分子材料，难以适应有机体系，而新型 OSN 膜则可在醇、酮、醚、芳烃等多种有机溶剂中稳定运行，适用于溶剂萃取后的脱溶、催化剂分离、反应液浓缩等复杂操作。例如，在农药合成工艺中，OSN 膜可替代传统溶剂回收塔进行高效溶剂回收，同时分离反应杂质，简化流程并降低能耗。

尽管纳滤膜在生物医药与精细化工领域展现出良好应用前景，但仍存在膜污染、分离选择性不足、膜材耐溶剂性不高等问题。为应对这些挑战，研究者不断开发新型高通量、耐有机溶剂、抗污染的纳滤膜材料，如聚酰亚胺、聚醚砜、聚酯酰胺以及基于碳纳米管、石墨烯氧化物等的纳米增强复合膜，为推动其工业化应用提供了有力支撑。

1.5.5 有机溶剂纳滤膜的应用

近年来，随着绿色化学和可持续发展的推进，传统高能耗、高污染的溶剂回收与化工分离工艺正逐步向低能耗、低排放量、高效能的膜分离技术转型。在这一趋势下，有机溶剂纳滤技术作为膜分离领域中的新兴热点，展现出了极大的工业应用潜力。OSN 是指在非水介质，尤其是有机溶剂环境中进行分离操作的纳滤过程，适用于分子量一般在 200 ～ 1000 之间的溶质选择性截留，其广泛应用于精细化工、生物制药、石化、能源材料、天然产物提取等领域，成为传统分离技术的重要补充与替代方案。

OSN 膜与传统纳滤膜相比，最大的特点在于其对有机溶剂的化学稳定性。在过去，大多数纳滤膜主要应用于水处理领域，其材质（如聚酰胺、醋酸纤维素等）不耐有机溶剂环境，容易溶胀、降解甚至失效。而 OSN 膜则多采用聚酰亚胺、聚醚醚酮（PEEK）、聚砜类、聚芳醚类材料，或对膜表面进行交联、涂覆等化学改性处理，使其在醇类、酮类、酯类、芳香烃、卤代烃等多种溶剂中表现出良好的稳定性和较长的使用寿命。

在精细化工生产中，OSN 技术已被成功应用于催化剂回收、反应液脱溶、产品分离、母液浓缩等关键环节。以均相催化反应为例，传统方法常使用蒸发、结晶、色谱分析等步骤进行催化剂分离与产物提纯，不仅流程复杂，而且能耗高、催化剂损耗大。利用 OSN 膜可以在反应后直接进行膜过滤，透过小分子产物、溶剂而截留催化剂，实现其高效回收和重复利用，不仅节约成本，还减小了催化剂的环境残留风险。例如，Ru、Pd 等金属催化剂在不对称氢化、交叉偶联等反应中可通过 OSN 膜实现连续分离与循环使用，推动了反应体系的绿色化与工业放大。

在生物制药领域，OSN 技术为多步骤药物合成和纯化工艺的集成化提供了新思路。尤其是在多步反应的一锅法（one-pot synthesis）和连续流反应（flow chemistry）中，OSN 膜可充当“反应 - 分离”耦合的关键接口。例如，在某些酰胺类药物中间体的合成中，OSN 膜可用于从溶剂体系中分离出未反应原料、副产物或杂质，同时浓缩目标化合物，提高收率与纯度。由于许多药物分子合成涉及多种极性或非极性溶剂的更替，OSN 膜的溶剂通用性与适配性成为关键性能指标，这也推动了多种“广谱型”OSN 膜材料的开发与应用。

OSN 膜在天然产物提取与分离中的应用也日益受到关注。植物提取物中常含有结构相似、极性相近的活性成分，传统溶剂萃取或柱色谱方法成本高、选择性差。OSN 膜可通过分子尺寸筛分与溶剂溶解度调控相结合，实现成分的精准富集。例如，在多酚类、生物碱、皂苷等功能性成分的提取中，OSN 膜不仅提升了其提取效率和选择性，还避免了溶剂的大量消耗和产品热敏性成分的降解，有助于发展绿色天然产物提取工艺。

此外，OSN 膜还在溶剂回收与浓缩方面发挥重要作用。溶剂作为许多化学过程的载体，其回收与再利用关系到整个工艺的经济性与环保性。通过 OSN 技术，可以在不蒸发的前提下实现溶液中溶质的分离和溶剂的高效回收。相比传统蒸馏方法，OSN 运行温度低、能耗低，特别适合处理高沸点溶剂或热敏性溶质的体系。例如，在某些涂料、油墨或精细中间体生产过程中，OSN 可用于有机废液的脱除和溶剂回收，提高资源利用率，减少环境污染。

尽管 OSN 技术发展迅速，但在实际应用中仍面临诸多挑战。首先，不同有机溶剂对膜材的溶胀性、润湿性等性质影响的差异巨大，要求膜材料必须具备极高的化学稳定性。其次，OSN 膜的膜污染问题较为严重，尤其是在多组分有机体系中，膜表面容易吸附产物或杂质，导致其通量下降与选择性丧失。最后，目前市场上 OSN 膜产品种类较少，膜材料的模块化、标准化、可定制化程度仍有待提升，这制约了其在更大范围内的推广应用。

为解决上述问题，研究者正从多方面推进 OSN 膜技术的发展。一方面，不断研发具有高溶剂适应性的新型聚合物材料，如聚三唑类、氟聚合物、交联聚芳醚等；另一方面，引入纳米材料［如金属有机骨架（MOFs）、共价有机骨架（COFs）、石墨烯氧化物、碳纳米管等］制备复合膜，以增强膜的选择性与耐溶剂性。

1.5.6 资源回收与循环利用

随着全球资源日益紧张与环境污染问题的加剧，资源回收与循环利用已成为可持续发展战略的核心组成部分。尤其是在化工、能源、废水处理等领域，如何通过高效、低能耗的技术手段实现废弃物资源化和资源的闭路循环，成为了各行业亟待解决的技术难题。在这一背景下，膜分离技术，尤其是 OSN 技术，凭借其独特的分离性能，广泛应用于资源回收与循环利用中。OSN 技术通过在有机溶剂介质下的高选择性分离与浓缩，实现了资源的高效回收与再利用，为绿色化工、环保和循环经济的实现提供了有力支持。

有机溶剂纳滤技术在废水回收与资源回用中扮演着重要角色。在许多工业生产过程中，产生了大量的废水，其中不仅包含有机溶剂、盐类、重金属和有毒有害物质，还往往含有有价值的有机化合物。传统的废水处理方法如蒸发、萃取、化学沉淀等，处理效果差、能耗高、污染严重。与此不同的是，OSN 技术能够通过调节膜的孔径和亲疏水性，实现膜对不同溶质的高效分离，特别是有机溶剂和水分子的选择性透过，使废水中的有机溶剂可以回收再利用，进一步减少其对环境的污染。

例如，在石油化工、制药等行业，生产过程中常常使用大量有机溶剂，在加工过程中这些溶剂会与产品混合，导致废水中含有较高浓度的溶剂。通过有机溶剂纳滤膜技术，可以有效地回收这些溶剂，减少溶剂的浪费并降低废水排放量，提高资源的使用效率。对于需要较高纯度溶剂的工业生产，OSN 还能够通过膜的高选择性，保留所需的溶剂成分，去除杂质，进一步提高回收溶剂的质量。

在贵金属回收方面，OSN 技术也显示出巨大潜力。在化学和冶金行业中，贵金属如金、银、铂等的回收成为了重要的经济和环境问题。传统的贵金属回收方法，如化学沉淀、溶剂萃取、离子交换等，往往存在操作复杂、化学试剂消耗量大、处理过程耗时长等缺点。而有机溶剂纳滤膜技术凭借其较为温和的操作条件和较高的分离效率，能够在溶剂中高效分离出贵金属。OSN 技术能够根据溶质的分子量和溶剂的亲和性，实现贵金属的浓缩与回收，从而在不损害环境的前提下，提高贵金属的利用效率。

在塑料回收与循环利用中，OSN 技术也有其独特的应用。例如，废弃塑料中的染料、添加剂以及溶剂等成分，常常使塑料回收后的质量大打折扣。利用 OSN 技术，可以实现废弃塑料中有机溶剂、油脂和其他杂质的有效分离，提升回收塑料的纯度和再利用价值。特别是对于那些热敏性塑料，传统高温回收方法可能会导致其物理和化学性能的劣化，而通过在低温下操作的 OSN 膜分离，可以有效避免这种问题，延长塑料的生命周期，推动塑料行业的循环经济发展。

废弃电子产品回收是资源回收领域中的另一个关键问题。随着电子产品的快速更新换代，废弃电子产品中含有大量有价值的金属元素，如金、银、铜等，以及有害的有毒物质，如铅、汞、镉等。传统的电子废料回收方法大多采用高温冶炼或酸浸等化学处理方式，这不仅能耗高、污染严重，而且回收效率低。OSN 技术可以通过选择性分离金属离子与有毒物质，有效回收贵金属和金属合金，同时避免有害物质的释放，从而提高废弃电子产品中有价值成分的回收率，并减少环境污染。

此外，OSN 技术还在农业废弃物的回收与循环利用中显示出其重要作用。农业废弃物，如秸秆、果皮、菜根等，含有丰富的有机物，若能将其有效回收并转化为有用的资源，能够极大减小农业废弃物的环境负担。一些研究表明，通过有机溶剂纳滤膜对农业废弃物中的有机成分进行分离，可以提取其中的可利用糖类、有机酸、酚类等化学物质，作为能源或化工原料，推动农业废弃物的资源化利用。

1.6 有机纳滤膜的应用发展面临的关键问题

纳滤膜因为独特的分离优势引起了各领域的广泛关注。但是，纳滤膜本身结构以及应用发展过程中还存在分离精度低、浓差极化、易污染以及在有机溶剂体系中结构稳定差等问题。

1.6.1 精准分离纳滤膜的开发

目前，市场上的商业纳滤膜主要是通过界面聚合法制备的聚酰胺有机纳滤膜。这种传统界面聚合法制备的纳滤膜在数秒内即可完成反应，形成对离子具有高选择性的致密选择层。由于反应速度过快，因此通过控制反应过程得到具有理想渗透性以及选择性的纳滤膜极具挑战。这在很大程度上限制了有机纳滤膜在各个领域尤其是资源回收方面的应用。因此，开发对小分子具有精准分离性能的高通量纳滤膜引起了广泛关注。

目前，研究人员已开发了多种制备改性方法来调控纳滤膜的结构和性能，实现小分子之间的精准分离，包括设计新的反应单体、层层自组装、金属偶联以及利用其他纳米材料进行结构调控等方法（图 1-23）。

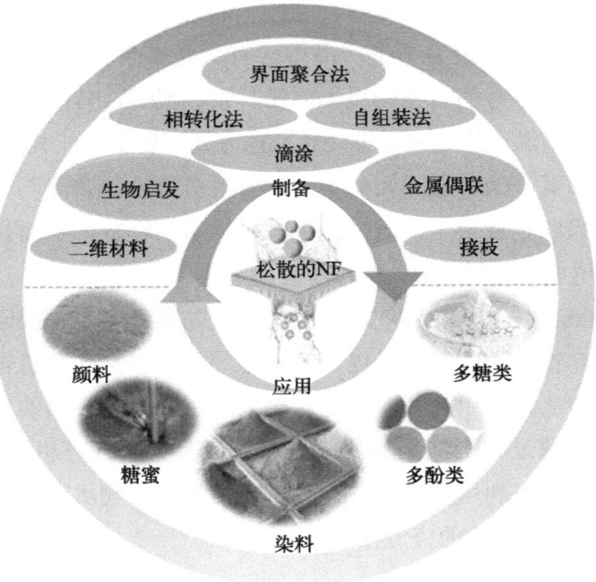

图 1-23　面向资源回收领域的疏松有机纳滤膜的制备方法一览

基于界面聚合反应过程的特点，许多研究通过在水相中添加其他的有机小分子共同作为水相单体，利用单体之间结构不同、反应性不同调控选择层的结构以实现目标分子之间的精准分离。Das 等将 1, 3, 5- 三 (对甲酰基苯基) 苯与乙二胺作为前体进行预聚合生成亚胺低聚物，然后在膜表面原位生成厚度约为 14 nm 的聚亚胺薄膜。该膜的渗透性高达 49.5 $L \cdot m^{-2} \cdot h^{-1} \cdot bar^{-1}$，可以有效分离染料与盐的混合溶液。Sun 等将水溶性良好的碳量子点（CQDs）作为水相添加剂制备了正电的聚酰胺有机纳滤膜。通过调控水相单体的种类以及碳量子点的含量可以精准调控纳滤膜的结构，在性能提升近 3 倍的同时可以有效分离氨基酸与无机盐，在沼液浓缩中表现出巨大的潜力。Chung 等将具有 Janus 通道的氨基化环糊精设计为水相单体，通过聚合反应制备了超薄膜。该膜的渗透性大幅提升，同时对不同分子量的染料表现出精准分离的性能。Niu 等将合成的 1, 2, 3, 4- 环丁烷四甲酰氯作为新的油相反应单体，然后通过界面聚合反应制备孔径更小的聚酰胺纳滤膜。该膜对 Ca^{2+} 和 Mg^{2+} 表现出超高的截留率，在饮用水软化领域表现出巨大的潜力。Livingston 等设计新单体通过界面聚合反应构建了厚度约为 20 nm 的聚芳酯纳滤膜。该膜在有机溶剂体系中表现出超高的溶剂渗透性以及选择性。随着研究工作者对界面聚合过程认识的不断深入，如何压缩制膜成本，开发制备方法简单、环境友好的新型精准分离纳滤膜正在成为研究的焦点。

孙世鹏课题组开发了一种新颖的纳米胶囊控制界面聚合技术，用于精确调节膜的表面电荷，以实现埃（Å，1 Å=10^{-10} m）尺度的分子筛分。该技术通过在纳滤膜形成过程中封装和解聚电荷介质剂，首次实现了膜性能的精确调控。研究表明，通过纳米胶囊控制界面聚合方法（NCIP）定制的分子筛膜，使得其纯水通量提高了 3.82 倍，并能够有效地分离相似大小的氨基酸。此外，该膜的等电点可通过外部调控进行调整，从而在广泛的 pH 范围内实现目标过滤。

1.6.2 浓差极化现象

渗透性、选择性以及分离精度等纳滤性能均由膜结构本身决定，只能通过改善优化纳滤膜的结构实现。此外，纳滤膜在应用的过程中，由于荷电的表面性质，其在过滤的过程中，随着原料侧浓度不断增大，渗透压升高，有效跨膜压差减小，通量降低，会出现浓差极化现象。目前，有研究表明纳滤膜的浓差极化受扩散和对流控制，带电的纳滤膜表面通过影响进料侧离子间的对流对浓差极化有严重影响。但是，由于纳滤膜的分离机理比较复杂，包括道南效应和孔径筛分，因此对纳滤膜的浓差极化目前主要侧重于理论研究，并且研究程度远低于反渗透。工业上目前主要通过加速搅拌等手段在一定程度上缓解浓差极化现象，鲜有有效的解决手段。

1.6.3 纳滤膜的易污染问题

除了上述由纳滤膜结构本身造成的选择性以及运行过程中由渗透压引起的浓差极化之外，在纳滤膜的实际应用过程中，还面临以下两个关键问题。一是由于有机纳滤膜本身与有机物具有一定的亲和性，纳滤膜表面很容易被污染。大部分有机污染物并不能通过物理清洗去除，只能通过化学试剂清洗来缓解。但是，使用化学清洗在去除污染物的同时，也会给纳滤膜的结构造成不可逆的伤害，使纳滤膜性能下降。研究表明，疏水、粗糙的膜表面以及有机物与污染物之间的静电吸引力或者分子间作用力的存在都会加剧纳滤膜表面的污染程度。目前，大多数的研究也是立足这些出发点，通过改善膜表面的亲水性、降低粗糙度、优化膜表面的电性、降低表面能等方面来提升纳滤膜的抗污染性：构建亲水层表面然后通过氢键以及其他静电力的作用与水分子键合形成水合层在一定程度上阻止污染物的吸附；通过聚氧化乙烯等一系列低表面能物质降低表面能，削弱污染物与膜表面间的界面作用力，能够使膜表面的污染物更容易释放。纳滤膜的结构、表面性质与膜污染之间的关系见图 1-24。

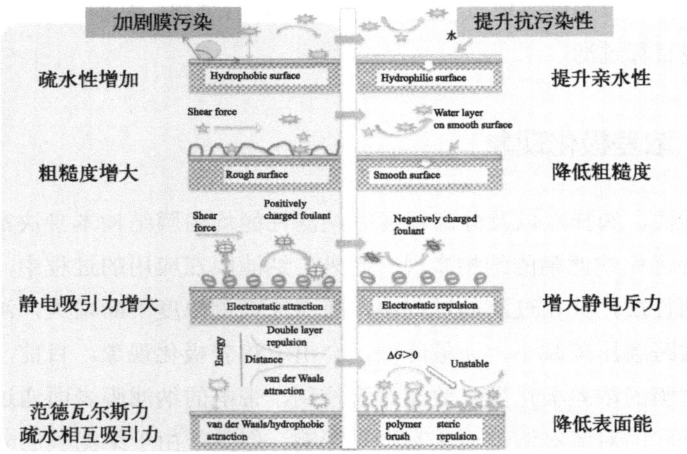

图 1-24　纳滤膜的结构、表面性质与膜污染之间的关系

目前，基于这些基本策略的抗污染膜的制备方法主要有：表面涂覆、接枝、利用功能纳米材料进行物理掺杂等。通过表面涂覆的方法可以在膜表面构建均匀的抗污染涂层。但是，仅仅依靠非共价作用会使涂层的结构不稳定，长时间运行容易脱落。利用膜表面游离的—NH_2、—COOH 等反应活性位点通过酰胺缩合反应进行接枝。由于反应活性位点有限，接枝的抗污染分子分布不均匀，从而限制了膜的抗污染性的提升程度。也有研究直接将单体接枝到基膜的表面进行聚合反应，这样能够在膜表面通过化学反应形成均匀稳定的抗污染涂层。但是，这种方法可以选择的基膜有限，有些基膜表面没有活性基团，需要进一步通过紫外线（UV）光照以及其他化学处理方法进行预处理。这样会进一步增加制造成本，使其应用发展受到限制。近年来，随着纳米材料的兴起以及人们对纳米材料的研究不断深入，利用纳米材料本身固有的抗菌、光催化、热催化等优异性能，将纳米材料引入有机纳滤膜，进而提升纳滤膜的性能成为了纳滤膜领域的研究热点。但是，无机纳米材料与有机聚合物之间存在一定的不相容性，而且存在于结构内部的纳米材料并不能发挥其性能。因此，为了最大化利用纳米材料的性能，优化材料本身的结构，提高无机材料与有机膜材料之间的相容性，进而保证纳滤膜的性能成为研究的主要方向。

1.6.4 纳滤膜在有机溶剂中的稳定性

纳滤膜在有机溶剂处理体系中长时间使用，有可能会使聚合物溶胀甚至溶解，对纳滤膜造成致命的伤害。并且，有机溶剂、溶质以及有机膜材料之间的亲和性会使纳滤膜表现出差的渗透性和选择性。与水体系不同，在有机溶剂体系中，道南效应不是主要的分离因素，材料之间的亲和力以及孔径筛分被认为是主要的控制分离因素。目前，人们对有机溶剂体系中的分离机理还有待进一步的认识，而且对高性能耐溶剂纳滤膜的制备经验还远远不足，亟待大量的研究。膜材料 - 溶剂 - 溶质之间的相互作用关系见图 1-25。

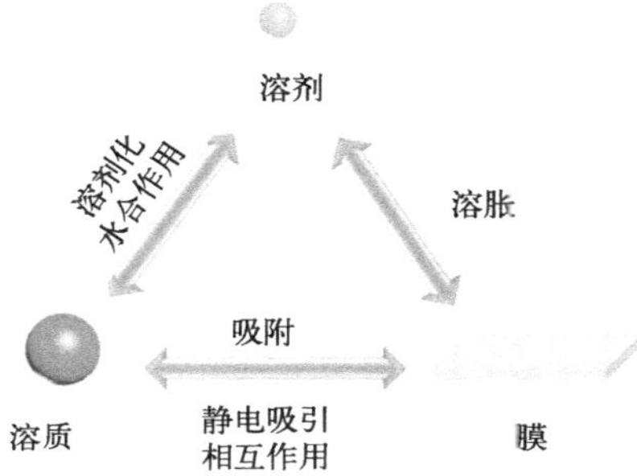

图 1-25 膜材料 - 溶剂 - 溶质之间的相互作用关系

鉴于纳滤膜特殊的分离性能在医药、石化以及溶剂回收领域有重要意义，如何提高纳滤膜在溶剂体系中的长期稳定性，对最大化降低运行成本、提高公司收益有重要意义。目前的有机溶剂纳滤膜主要分为两类：一类是具有皮层的整体非对称膜，一类是基于相转化膜制备的超薄复合膜。这两类 OSN 膜的制备流程图见图 1-26。为了提高 OSN 膜在有机溶剂中的稳定性，一般选取具有一定耐溶剂性能的聚合物，如尼龙、醋酸纤维素等材料，或者是选取具有可反应基团的膜材料，如聚酰亚胺、聚醚酰亚胺、聚丙烯腈等，通过化学交联、UV 交联等特殊手段提高膜的耐溶剂性。

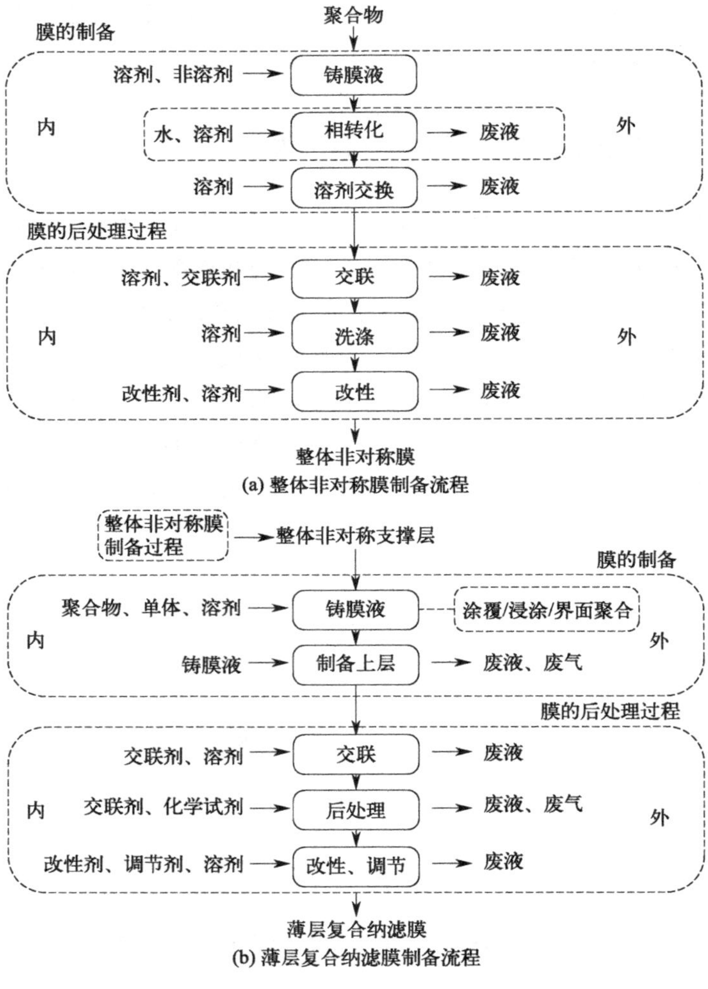

(a) 整体非对称膜制备流程

(b) 薄层复合纳滤膜制备流程

图 1-26　两类 OSN 膜的制备流程图

1.7 基于碳基纳米材料的有机纳滤膜

由于传统纳滤膜结构的局限性，因此通过简单的调节参数来优化膜的性能变得极具挑战。研究人员开始将目光转向利用纳米材料的特性来调控膜的结构和性能，包括零维、一维、二维以及金属有机骨架材料或者共价有机骨架材料等。目前的研究主要着眼于利用纳米材料来改善膜的渗透性或者选择性；提升膜表面的亲水性、抗菌性或者抗污染性等。不同类型的纳米材料对纳滤膜进行改性的归纳图见图 1-27。

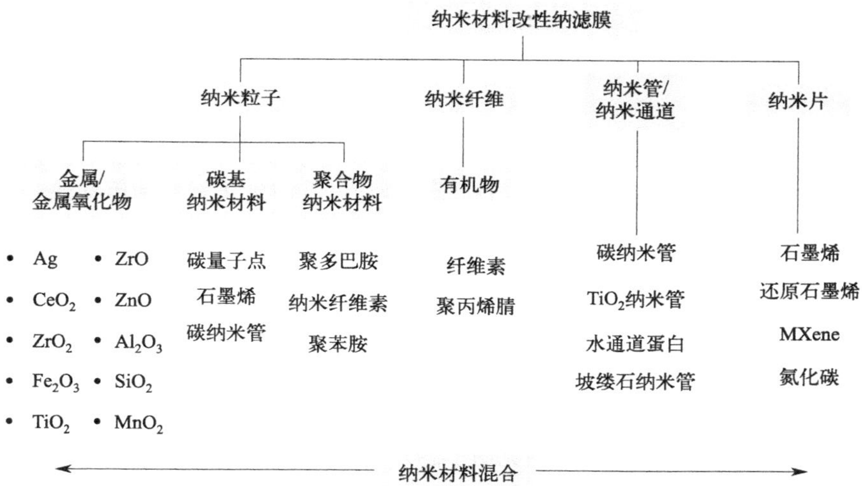

图 1-27　不同类型的纳米材料对纳滤膜进行改性的归纳图

1.7.1 碳基纳米材料分离膜分类

在对纳滤膜进行改性的众多纳米材料中，以石墨烯、碳纳米管、碳量子点等为代表的碳基纳米材料（图 1-28）具有丰富的官能团可以进行后修饰，其具有高比表面积，有良好的吸附性、抗菌性和化学稳定性等优势，并且合成成本低，原料来源广泛，商业化较为成熟，因此在新型纳滤膜的制备领域备受关注。

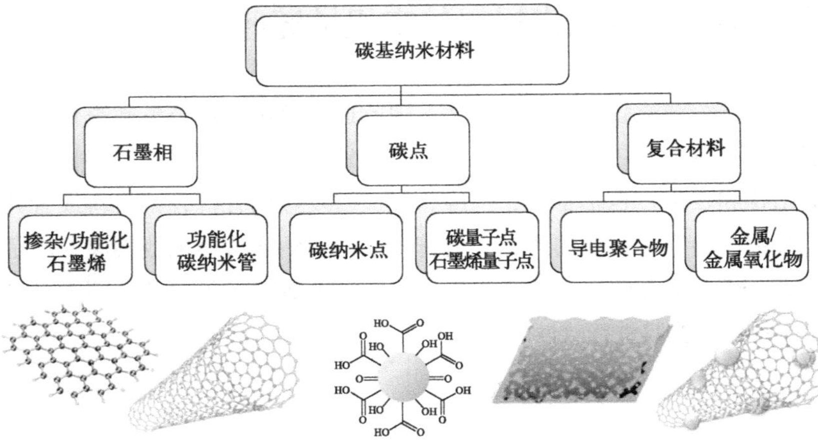

图 1-28 碳基纳米材料总结

目前，基于碳基纳米材料的纳滤膜的制备方法主要有：①将纳米材料加在水相或者有机相溶液中影响界面聚合层；②将纳米材料利用抽滤、旋涂以及刮涂等方法直接沉积在膜表面；③将纳米材料设计为中间层构建传输通道；④将纳米材料加入基膜内调控基膜的性能，进行影响后续的交联或者界面聚合反应等。有时也会几种方法同时使用以求最大程度地获取纳滤膜的最佳性能。碳基纳米材料表面含有的丰富的可修饰基团，具有良好的生物相容性，因此在高性能分离膜的改性制备上有着无限的潜能。高分子纳米材料复合膜的五种类型见图 1-29。

1.7.2 碳基纳米材料分离膜的研究进展

利用 CQDs、CNTs、GO 等碳基纳米材料对纳滤膜进行改性，可以优化膜的结构和性能，同时可以赋予膜抗菌性、光催化活性等功能。如何有效将材料特性与纳滤膜的结构有机结合得到理想的膜结构和性能是研究人员长期努力的方向。碳量子点，作为一种表面富含羟基、羧基，尺寸在 10 nm 以下的准零维碳材料，表面有丰富的可修饰基团，合成方法简单，原料易得，有优异的生物相容性和催化活性。其合成方法多样，以水热合成法为代表的自下而上法因操作简单、快捷且保持较高的产率，成为了当今的主要合成方法，即以小分子有机物（如柠檬酸、聚乙二醇等）为前驱体，在外加条件下碳化脱氢，然后经过碳链骨架连接、官能团封端等一系列反应最终形成碳量子点。通过调控反应过程，可以得到不同尺寸、亲水性以及不同官能团的碳量子点（图 1-30）。因此，研究人员对碳量子点在膜领域的应用有了长足的探索。

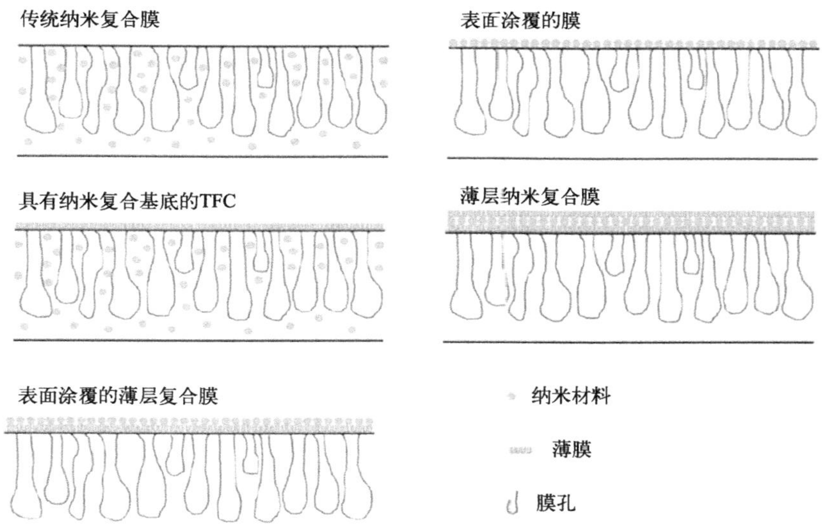

图 1-29　高分子纳米材料复合膜的五种类型

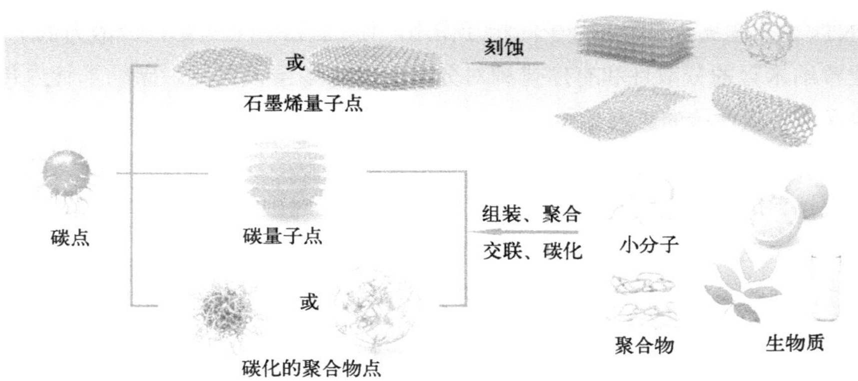

图 1-30　碳量子点以及主要的合成方法

由于碳量子点具有超小尺寸，可以将其设计为选择层的填料来优化膜的性能。钟台生团队将氢氧化钠改性的碳量子点加入水相中，使膜通量提升了近 1 倍的同时还具有良好的抗污染性能。昆士兰大学的李勤课题组利用碳量子点调节石墨烯片层间距，使膜性能大幅提升。此外，王景涛课题组利用碳量子点对纳滤膜进行改性，因其结构本身有一定的疏水性，使极性溶剂和非极性溶剂的通量均有明显的提升。Wang 等合成了不同亲水性的 CQDs，并将 CQDs 作为水相的填料进行界面聚合反应，经过 60℃的后处理后，改性膜对异丙醇的渗透率提高了 54.3%。Jiang 等将与 CQDs 具有相似性质的石墨烯量子点（GQDs）作为水相添加剂进行界面聚合反应。所制备的薄层复合膜的纯水渗透性提高了 6 倍，膜表面亲水性提升，粗糙度下降，表现出了较好的抗污染性能。此外，也有研究将 CQDs 加在聚合物溶液中作为纳米填料改善基膜的性能，进而影响界面聚合选择层的性能。但是，由于碳量子点的尺寸较小，控制 CQDs 与膜之间的相互作用力，使碳量子点和聚合物之间紧密结合，提升 CQDs 在膜内的稳定性是研究人员首先要解决的问题。

此外，由于商业碳纳米管的生产成本不断下降，将碳纳米管加入聚合物基膜或者是选择层进行改性的纳滤膜也有了较大发展。碳纳米管具有高的长宽比、优异的机械强度和化学稳定性。此外，由于其特殊的中空管状结构，当其管径在略大于水分子时，能够迫使水分子在其内部以单链的形式传质。并且，由于其疏水的内表面，可以使水通量提升 3 ～ 4 个数量级，因此在限域传质高性能纳滤膜的制备方向其表现出巨大的潜力。但是，CNTs 由于强 π-π 堆积和分子间相互作用，使 CNTs 相互缠结，分散力低下。改善纳米管的分散性和有序排列对分离膜的制备至关重要。碳纳米管内传输通道对膜性能的影响见图 1-31。

由于纯碳纳米管的线性形状和特殊的物理性质，很容易产生团聚现象，这就极大地限制了碳纳米管的应用。因此，需要对碳纳米管进行改性，从而减少团聚现象。研究人员通过在界面聚合的水相溶液中分别加入三种不同官能团改性的多壁碳纳米管（羧基化多壁碳纳米管、羟基化多壁碳纳米管和氨基化多壁碳纳米管），制备出基于碳纳米管的 TFC（图 1-32）。研究表明，当多壁碳纳米管质量浓度为 0.01 kg/L 时，基于羟基化多壁碳纳米管的纳米复合膜的分离性能是最优秀的，水通量最高可以达到 41.4 $L \cdot m^{-2} \cdot h^{-1} \cdot bar^{-1}$，并且对 Na_2SO_4 截留率可以达到 97.6%。此外，改性增加了碳纳米管的亲水性，使纳滤膜表面呈现不同的形貌，制得的膜具有 300 以内的截留分子量和良好的操作稳定性。

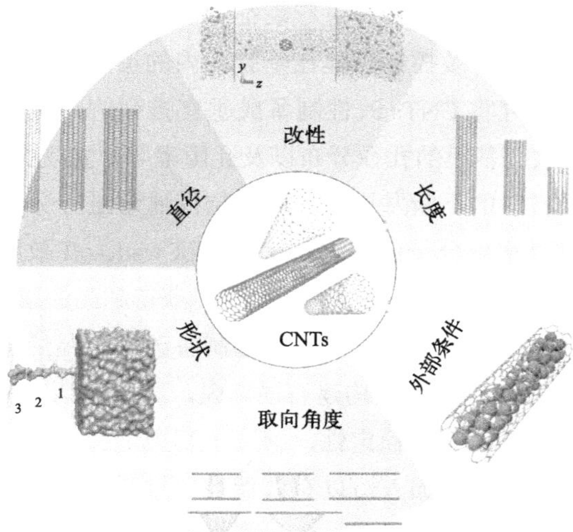

图 1-31 碳纳米管内传输通道对膜性能的影响

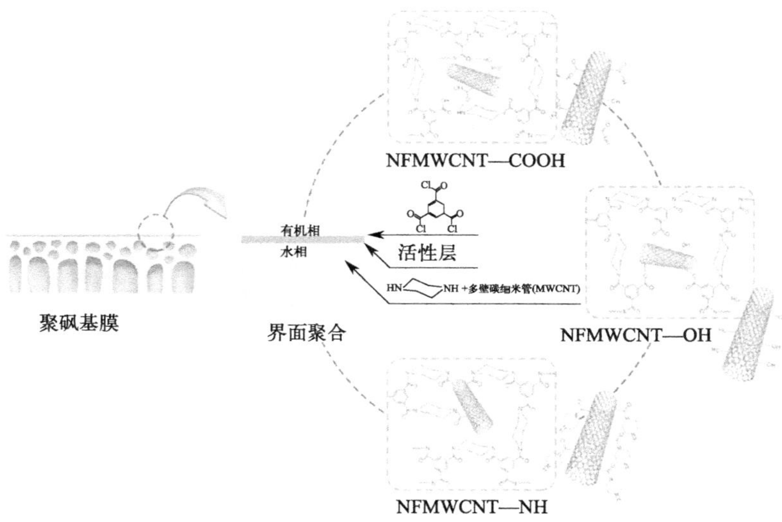

图 1-32 通过不同改性碳纳米管制备纳滤膜的示意图

Jin 等将碳纳米管进行分散改性后，刷涂在 PES 膜表面制备 CNTs 中间层，利用 CNTs 之间性能均匀的网状结构制备高性能的复合纳滤膜。该方法制备了大尺寸的 15 nm 左右的超薄分离膜可以有效用于离子分离，同时渗透性提升至约 40 $L \cdot m^{-2} \cdot h^{-1} \cdot bar^{-1}$。在其他工作中，研究人员对碳纳米管设计为中间层制备的薄层复合膜进行表征和测试，证明中间层的存在能够提供新的反应界面，有效控制单体在基膜孔内的反应过程，从而使膜性能大幅提升。也有研究将CNTs改性制备成垂直排列的形式或者分散改性后直接加入基膜中改变基膜的孔径分布以及孔隙率等，实现分子的快速传输。此外，随着二维材料的不断发展以及利用层间通道进行分子传输的二维膜限域传质效应可以实现分子的快速传递，打破trade-off效应的束缚。人们开始着眼于开发新型纳米材料复合膜的制备以获得超高的膜性能。Gao等利用石墨烯的选择性，将碳纳米管作为插层制备改性石墨烯膜，使通量提升了两倍。Chen等利用碳纳米管构建石墨烯膜，利用碳纳米管与石墨烯之间的相互作用大幅提升了膜的稳定性，解决了石墨烯膜在水溶液中易溶胀的问题。同时，碳纳米管的加入可以有效调控二维膜的层间距，在不降低选择性的条件下，渗透性提升了近5倍。根据不同膜的结构设计，优化改性CNTs的分散性和表面性质是制备纳滤膜的前提和基础。全碳纳米结构制备具有出色稳定性的高性能分离膜流程图见图1-33。

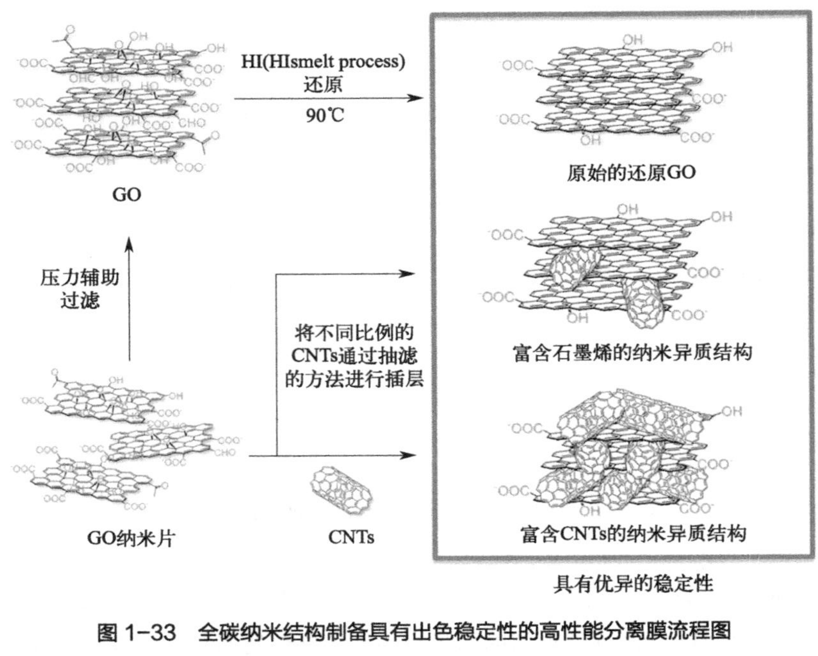

图1-33 全碳纳米结构制备具有出色稳定性的高性能分离膜流程图

碳基纳米材料（如石墨烯及其衍生物、碳纳米管、碳量子点和多孔碳材料）因其独特的物理化学性质，在有机纳滤膜的结构调控方面展现出巨大潜力。通过引入碳基纳米材料，可有效改善膜的微观结构，提高膜的机械强度、亲水性、抗污染能力以及分离性能。这些材料能够通过界面聚合、共混改性、层层自组装等方法，与传统有机膜材料形成纳米复合膜，从而优化膜的孔径分布、表面电荷及渗透通量。此外，碳基纳米材料的高导电性和化学稳定性，使其在智能响应型膜和功能化分离膜的研究中具有广阔的应用前景。本书系统探讨碳基纳米材料在有机纳滤膜中的作用机制、制备方法及其对膜结构与性能的调控机理，以期为高效、可持续的膜分离技术提供新的研究思路和技术支持。

第2章

有机纳滤膜的性能测试及表征手段

2.1 概述

有机纳滤膜凭借其优异的分离性能，在水处理、食品加工、生物医药及精细化工等领域展现出广阔的应用前景。其分离机制主要依赖于膜的纳米级孔径、表面电荷特性及化学组成等关键因素，因此系统地评估有机纳滤膜的分离性能并深入解析其微观结构特征，对优化膜材料设计、提高分离效率及拓展应用场景具有重要的科学价值和工程意义。

本章将围绕有机纳滤膜的核心性能测试与表征展开，系统介绍水通量、截留率、抗污染性能、机械强度等关键性能的测试方法，并探讨操作条件、膜材料特性及环境因素对其性能的影响。同时，采用多种先进的表征技术，如扫描电子显微镜、透射电子显微镜（transmission electron microscopy，TEM）、原子力显微镜（atomic force microscopy，AFM）、傅里叶变换红外光谱（fourier transform infrared spectrum，FTIR）、X射线光电子能谱、接触角测量、表面电位分析及热重分析（thermogravimetric analysis，TGA）等，对膜的微观形貌、孔径分布、表面化学特性、亲疏水性及热稳定性进行系统解析。通过多维度的性能测试与结构表征手段，可建立膜材料的结构 - 性能关系，为有机纳滤膜的优化设计及高效应用提供理论支撑与实验依据。

2.2 纳滤膜的分离性能测试

纳滤膜性能主要通过膜的分离性能和渗透通量来评价。纳滤膜的渗透通量（pure water permeability，PWP）是指单位压力、单位有效膜面积以及单位时间内流出的渗透液的体积，计算方法见式（2-1）。

$$\mathrm{PWP}=\frac{Q}{\Delta P\times A\times t} \tag{2-1}$$

式中，PWP 表示膜的渗透通量，$\mathrm{L\cdot m^{-2}\cdot h^{-1}\cdot bar^{-1}}$；$Q$ 表示一定时间 t（h）内通过纳滤膜的渗透液的体积，L；ΔP 表示有效跨膜压差，bar；A 是有效膜面积，$\mathrm{m^2}$，由装置决定。

纳滤膜的分离性能指纳滤膜对进料液中溶质的分离效率（rejection，R），即被截留的溶质的浓度占进料液溶质浓度的百分比，数学表达式见式（2-2）。

$$R=\left(1-\frac{c_{\mathrm{p}}}{c_{\mathrm{f}}}\right)\times 100\% \tag{2-2}$$

式中，c_{p} 和 c_{f} 分别是透过液和进料液中溶质的浓度，g/L。

2.3 纳滤膜的形貌及结构表征方法

2.3.1 扫描电子显微镜

扫描电子显微镜是表征纳滤膜微观形貌与结构特征的重要技术，能够在高分辨率下观察膜的表面形态及断面结构。通过电子束扫描样品表面，SEM 可清晰呈现膜的表面粗糙度、孔隙分布及缺陷情况，揭示活性分离层的致密性和均匀性，从而分析其对膜分离性能的影响。此外，利用低温断裂技术结合断面观察，可直观观察膜的截面结构，包括活性分离层的厚度、孔隙的形态与分布、支撑层的孔道连通性及梯度结构等。对于复合膜或多层膜，SEM 还能提供界面结合情况的信息，为研究纳滤膜的制备工艺、结构优化及长期运行稳定性提供重要的表征依据。

2.3.2 衰减全反射傅里叶变换红外光谱

衰减全反射傅里叶变换红外光谱（attenuated total reflectance Fourier transform infrared spectrum，ATR-FTIR）是一种用于表征纳滤膜化学组成和表面官能团结构的高灵敏度光谱技术。ATR-FTIR 通过红外光在高折射率晶体（如金刚石、锗或硒化锌）与膜表面接触界面处发生全反射，并在膜表面形成衰减波（evanescent wave），从而探测材料表层的化学键振动信息。该技术可用于分析膜材料的分子结构、化学修饰及表面亲疏水性变化，如聚酰胺纳滤膜的酰氨基特征峰、氧化石墨烯改性膜的羧基（—COOH）及羟基（—OH）信号等。相较于传统透射或反射红外光谱，ATR-FTIR 具备无需复杂样品制备、可测量湿态样品、表面专属性强等优势，广泛应用于纳滤膜的化学改性、污染机理研究及膜材料优化等领域。

2.3.3 接触角

接触角测量是评估纳滤膜表面润湿性的重要表征手段，接触角通常包括静态接触角（SCA）和动态接触角（DCA）。静态接触角用于衡量液滴在膜表面达到平衡时的润湿性，数值越小表明膜表面越亲水，反之则越疏水，常用于比较不同膜材料或改性前后膜材料的亲疏水性变化。动态接触角包括前进角（θ_A）和后退角（θ_R），分别对应液滴扩展和收缩过程中的接触角变化，其差值即接触角滞后（CAH），可反映膜表面能的均匀性、粗糙度及化学异质性。动态接触角测量对评估膜的抗污染性能、液体润湿动力学及表面改性效果具有重要意义。

2.3.4 X 射线衍射仪

X 射线衍射仪是一种用于材料结构分析的重要设备，通过测量 X 射线与样品晶体结构的相互作用，提供关于材料相组成、晶体结构、晶粒大小、取向等信息。X 射线衍射仪具有结构紧凑、操作简便、成本较低等优势，特别适用于实验室常规材料表征，尤其是在粉末样品的定性和定量分析中发挥重要作用。在纳滤膜研究中，XRD 可用于分析膜的结晶度、相组成以及膜材料在不同条件下的相变行为，为膜材料的性能优化提供理论依据。通过对衍射峰的位置、强度和宽度的分析，可以推测膜材料的晶格常数、晶体缺陷以及膜层的微观结构信息。

2.3.5 Zeta 电位分析仪

膜表面电荷性质会严重影响纳滤膜的分离效果。通常使用流动电位对膜表面的荷电性以及电荷变化情况进行分析。Zeta 电位分析仪是一种用于测定液体中颗粒表面电荷特性及其稳定性的仪器，常用于研究纳滤膜表面的电荷分布和亲水性。该仪器通过测量颗粒在电场中运动时的流动电位（Zeta 电位），提供关于膜表面电荷密度、表面状态以及膜在不同 pH 值或离子强度条件下的电荷变化信息。Zeta 电位的大小和符号直接影响膜的抗污染性能、分离效果及长期稳定性。通过对纳滤膜进行 Zeta 电位分析，可以深入了解膜材料的表面性质，为膜的优化改性、污染控制及膜性能提升提供重要数据支持。

2.3.6 X 射线光电子能谱

X 射线光电子能谱是一种高分辨率表面分析技术，广泛应用于纳滤膜的表面化学特性研究。通过分析 X 射线激发样品表面元素所发射出的光电子的能量，XPS 能够提供纳滤膜表面元素的种类、化学状态、价态分布及其化学键合环境的详细信息。对于纳滤膜，XPS 能够准确识别膜表面官能团的类型、含量以及其在不同表面修饰或老化过程中的变化，帮助解析膜材料的亲水性、抗污染性及其在工作条件下的化学稳定性。此外，XPS 还可以揭示膜表面的氧化还原反应、污染物吸附及膜表面与溶液之间的相互作用机制，为纳滤膜的优化设计、污染控制及长期性能提升提供深入的理论支持。

2.4 纳滤膜孔径分布模拟

纳滤膜的孔径分布是决定其分离性能的关键因素之一，准确表征和模拟膜的孔径分布对膜材料的设计与优化具有重要意义。传统的孔径分布分析方法主要基于膜的截留分子量（MWCO），通过测定不同分子量物质的截留率来间接推测膜的孔径范围。然而，截留分子量法通常无法提供更为精细的孔径信息，尤其是在微观孔隙结构复杂的情况下。为了获得更精确的孔径分布，正电子湮灭技术（PALS）提供了一种高分辨率的测量手段，通过分析正电子素（Ps）在膜孔隙中的寿命，能够直接揭示纳滤膜的微观孔径结构。这两种方法结合使用，可为纳滤膜的孔径分布提供更加全面和精确的描述，从而为膜材料的性能优化和应用拓展提供理论依据。

2.4.1 截留分子量的测定

由于纳滤膜的特殊性，可以采用中性溶质来评价纳滤膜的截留分子量以及测试孔径分布曲线。当以中性溶质作为进料液时，对溶质的截留率与对应的分子尺寸之间可以用线性的对数正态概率函数表示［式(2-3)］。

$$R_T = \mathrm{erf}(y) = \frac{1}{\sqrt{2\pi}}\int_{-\infty}^{y} e^{-u^2/2}\,du \tag{2-3}$$

其中

$$y = \frac{\ln r_s - \ln \mu_s}{\ln \theta} \tag{2-4}$$

式中，r_s 是溶质的半径；μ_s 是截留率为 50% 时对应的平均溶质半径；θ 是 μ_s 对应的标准差；R_T 是对溶质的截留率；u 是对应分子的斯托克斯半径。

在对数正态概率分布中，式(2-3)和式(2-4)能够用线性方程来表示，即式(2-5)。

$$F(R_T) = A + B(\ln r_s) \tag{2-5}$$

其中，截距 A 和斜率 B 的数值由 μ_s 和 θ_s 的大小决定。他们的数值可以从线性的对数正态概率分布函数中得到，即式(2-6)、式(2-7)。

$$\mu_s = \ln \overline{r_s} = (\ln r_s)_{R_T=50\%} = -\frac{A}{B} \tag{2-6}$$

$$\theta_s = \frac{(\ln r_s)_{R_T=84.1\%} - (\ln r_s)_{R_T=15.9\%}}{2} = \frac{1}{B} \tag{2-7}$$

忽略溶质与膜孔之间的空间位阻以及水合动力学阻碍，平均有效孔径 μ_p 以及对应的标准偏差 θ_p 可以由 μ_s 和 θ_s 代替。最终根据以上数据，纳滤膜的孔径分布可以由式(2-8)确定。

$$\frac{dR_T r_p}{dr_p} = \frac{1}{r_p\theta_p\sqrt{2\pi}}\exp\left[-\frac{(\ln r_p - \ln \mu_p)^2}{2\theta_p^{\ 2}}\right] \tag{2-8}$$

式中，r_P 是纳滤膜孔径。

2.4.2　正电子湮灭技术

正电子湮灭技术是一种基于正电子素湮灭动力学的精确表征技术，广泛用于纳滤膜孔径分布的测定。该方法依赖于正电子素在膜孔隙中的量子受限效应，不同孔径环境下正电子素的寿命存在系统性变化，可通过 Tao-Eldrup 模型或延展模型解析得到纳米级孔径信息。PALS 对 0.1 ～ 10 nm 内的微孔及介孔结构具有极高的分辨能力，尤其适用于表征聚酰胺、碳基（如氧化石墨烯）及无机陶瓷（如氧化铝、二氧化硅）纳滤膜的孔径演变与结构调控。与气体吸附（BET）或电子显微成像（SEM/TEM）相比，PALS 能够在湿态条件下提供无损、定量的孔径分布信息，对研究纳滤膜在溶胀、污染及长期运行环境中的微观结构变化具有独特优势，为膜材料设计与性能优化提供关键数据支撑。

2.5　本章小结

本章对有机纳滤膜的性能测试及表征手段进行了深入探讨，旨在为研究人员和工程师提供全面的理论基础与实践指导。通过介绍不同测试技术以及方法在评估膜性能方面的应用，帮助读者更准确地理解分析有机纳滤膜的微观结构与分离机制。在实际应用中，合理选择和应用这些表征手段是优化膜性能和提升分离效率的关键。

然而，随着膜技术的不断进步和需求的多样化，现有的测试手段仍面临诸多挑战。例如，如何更高效、准确地评估膜的长期稳定性与抗污染能力，如何在复杂环境下评估膜的表现，都是亟待解决的问题。未来的研究应集中在开发更为高效、精确的表征技术，探索新型膜材料的性能，同时深入研究膜在长期使用过程中的行为变化。

第3章

对碳基纳米材料调控有机纳滤膜结构的探究

3.1 概述

利用纳滤膜的特殊分离机理对小分子之间进行分离是纳滤膜的主要应用价值之一。传统的界面聚合法制备的聚酰胺复合纳滤膜结构往往很致密，对二价盐和有机物都有很高的截留率。目前已报道的大量研究是通过外界手段调控纳滤膜的结构或者性质来实现小分子分离的。其主要包括：①增强膜表面的电荷性质实现共离子与反离子的分离；②调控选择层的孔径实现有机物与有机物的分离；③同时调控膜孔径与电性实现有机物与带电离子的分离等。基于这些指导方法可以实现大多数分子与离子的分离。但是，在降低膜的制备成本以及提升膜的渗透性等方面仍有很大的优化空间。因此，需要进一步探索优化绿色、低成本、高通量的精准分离纳滤膜。

碳量子点作为一种新型的零维碳基纳米材料，因其优异的光学、电学和化学特性，近年来成为膜材料改性领域的研究热点。与传统的碳纳米管和石墨烯相比，碳量子点具有较高的水溶性、更好的生物相容性和较低的毒性，且其可调节的功能化表面使其能够在多种膜分离技术中发挥重要作用。通过将碳量子点引入有机纳滤膜中，可以调控膜的结构和性能、改善膜的孔隙结构、提高膜的亲水性和机械强度，从而有效提升膜的分离效率和抗污染能力。

碳量子点通过与有机聚合物材料（如聚酰胺、聚砜等）相互作用，可以通过共混、界面聚合或自组装等方式在膜表面形成均匀的纳米复合层。该复合膜不仅能够显著提高膜的分离性能，还能有效调控膜的孔径分布和表面电荷特性，有助于增强膜对多价离子和有机污染物的选择性分离。同时，碳量子点的高比表面积和功能化表面可提供更多的活性位点，进一步优化膜的亲水性和抗污染性能，减缓膜污染现象，提高膜的长期稳定性。

因此，本章以低成本、高分离性能纳滤膜的制备为目标，采用具有良好生物相容性的碳量子点作为水相添加剂，制备改性的聚酰胺复合纳滤膜。通过对改性前后纳滤膜的结构和表面性质进行分析，结合分离性能，阐明了纳米材料水相添加剂调控界面聚合纳滤膜的结构机理。改性纳滤膜在渗透性大幅提升的同时，可以分离混合溶液的组分，实现纳米尺度的溶液分离。通过揭示碳量子点调控有机纳滤膜结构的机制，旨在为设计和开发高效、低能耗的纳滤膜提供新的思路和技术支持，并为膜分离技术的工业应用提供理论依据和实践指导。

3.2 制备与测试方法

3.2.1 氨基碳量子点改性聚酰胺复合纳滤膜

3.2.1.1 氨基碳量子点的合成

为了提高碳量子点与水相单体的相容性，以水溶的超支化聚乙烯亚胺（PEI）为碳源，聚乙二醇（PEG）-400 作为结构导向剂通过水热合成法一步合成氨基碳量子点（amine-carbon quantum dots，$CQDs\text{-}NH_2$）。将 2.2 g PEI 和 20 mL PEG-400 溶于 16 mL 的去离子水中。然后，将其置于 100 mL 反应釜中在 180℃反应 20 h 后即可得到表面具有氨基的氨基碳量子点溶液。

3.2.1.2 聚醚砜基膜的制备

实验以成本低廉、具有良好稳定性的聚醚砜超滤膜作为基膜进行研究。具体研究如下。将充分干燥的聚醚砜粉末与 *N,N*- 二甲基乙酰胺（DMAC）、聚乙二醇（PEG-400）以一定的比例加入 100 mL 的圆底烧瓶中，在水浴

60℃下加热搅拌过夜。随着聚合物不断溶解，最终得到淡黄色的均相 PES 铸膜液。将所得到的铸膜液静置脱泡。然后，将其刮涂在玻璃板上形成厚度 100 μm 左右的 PES 超滤基膜。将制备好的 PES 基膜多次用水洗涤以充分除去溶剂。将 PES 基膜储存在纯水中备用。

3.2.1.3 氨基碳量子点改性聚酰胺复合纳滤膜的制备

将无水哌嗪和均苯三甲酰氯分别溶解在纯水和正己烷中，通过界面聚合制备聚酰胺复合纳滤膜。本章一共制备了以下两种纳滤膜。

(1) 聚酰胺复合纳滤膜

将 PES 基膜置于自制的界面聚合反应器中。将 2%（质量分数）的 PIP 水溶液倒在膜表面反应 2 min，然后将溶液倒掉，用擦拭纸擦去表面残留的水分后，将其倒入 0.05%（质量分数）TMC 的正己烷溶液中反应 1 min 后得到聚酰胺复合膜，命名为 TFC。将膜置于纯水中保存。

(2) 氨基碳量子点改性聚酰胺复合纳滤膜

将 CQDs-NH_2 作为水相添加剂与 PIP 加入水中搅拌均匀，然后将其倒入反应容器中反应 2 min，然后将溶液倒掉，用擦拭纸擦去表面残余的水分后，将其倒入 0.05%（质量分数）TMC 的正己烷溶液中反应 1 min 后得到碳量子点改性的聚酰胺复合纳滤膜，命名为 CTFC，将膜置于纯水中保存。

3.2.2 纳滤膜的分离性能测试

本章分别将硫酸钠、硫酸镁、氯化镁以及氯化钠配成 1000 mg · kg^{-1} 的水溶液作为进料液测试纳滤膜对无机盐的分离性能。使用实验室自制的过滤装置进行测试。运用罗丹明 B、固绿、活性黑 5、玫瑰红、阿利新蓝等不同染料来评价纳滤膜对有机染料分子的截留性能。通过不同染料的混合溶液来评价纳滤膜的精准分离性能。

3.3 结果与讨论

3.3.1 氨基碳量子点的结构表征与分析

通过透射电子显微镜对合成的 CQDs-NH_2 溶液进行表征。取少量

$CQDs\text{-}NH_2$ 分散在大量水中，超声使其分散均匀。然后将稀溶液滴在超薄碳膜上干燥后进行测试。通过 TEM 对合成的 $CQDs\text{-}NH_2$ 进行表征［图 3-1（a）］。$CQDs\text{-}NH_2$ 在视野内分散均匀，大量存在，证明成功合成了 $CQDs\text{-}NH_2$ 溶液。运用 Nano Measure 软件对视野范围内的 $CQDs\text{-}NH_2$ 进行统计分析，取样 100 以上得到 $CQDs\text{-}NH_2$ 的粒径分布图［图 3-1（b）］。所合成的 $CQDs\text{-}NH_2$ 粒子尺寸集中分布于 3 ～ 5 nm。此外，通过 ATR-FTIR 分析 $CQDs\text{-}NH_2$ 的化学结构。如图 3-2 所示，在 1084 cm^{-1} 和 944 cm^{-1} 处的吸收峰分别属于 C—O 的非对称伸展变形振动和环醚骨架振动。1249 cm^{-1} 和 1348 cm^{-1} 分别对应于苯酚上的酚羟基的变形振动和 C—O 的伸展变形振动。1651 cm^{-1} 处属于碳碳双键的伸缩变形振动。另外，归属于 PEG-400 分子链中的特征峰有：833 cm^{-1} 处的 C—H 的平面摇摆运动，1288 cm^{-1} 处的与醇羟基相邻的 C—H 变形振动，1455 cm^{-1} 处 PEG 链中的—CH_2—的对称变形振动。这些特征峰有力地证明了 PEG 作为结构导向剂成功合成了碳量子点。此外，1563 cm^{-1} 处的弱吸收峰属于—NH—的变形振动，2920 cm^{-1} 和 2875 cm^{-1} 处出现了—NH_2—的肩峰。这些属于 PEI 链段的吸收峰出现，证明了 PEI 的氨基包裹或者嵌入在 $CQDs\text{-}NH_2$ 的结构中，成功合成了 $CQDs\text{-}NH_2$。并且，由于 PEI 的存在，所合成的 $CQDs\text{-}NH_2$ 溶液呈现正电性（图 3-3）。

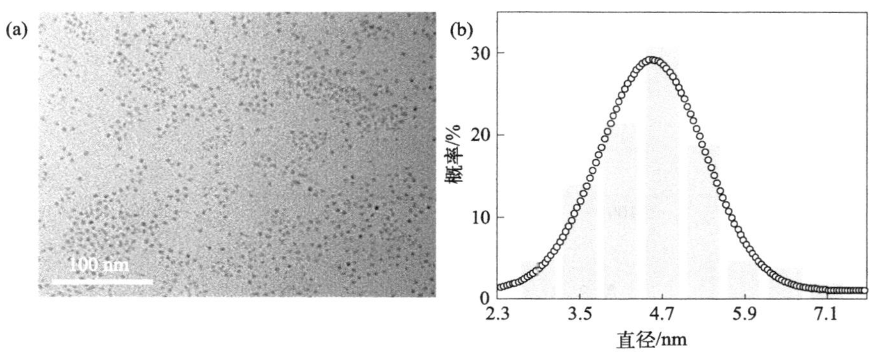

图 3-1　$CQDs\text{-}NH_2$ 的 TEM 分析（a）以及对应的尺寸分布图（b）

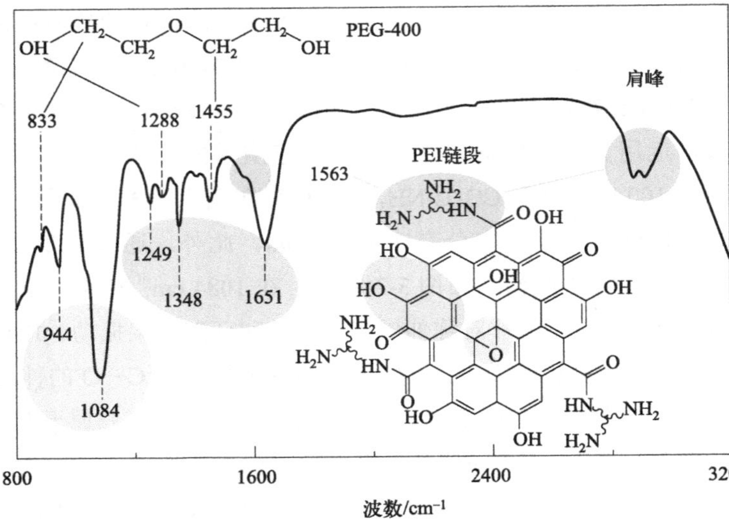

图 3-2 氨基碳量子点的化学结构分析

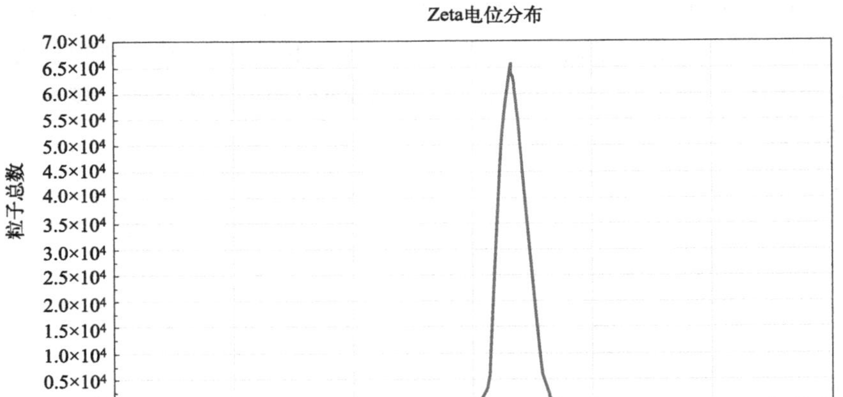

图 3-3 CQDs-NH_2 溶液的电位测试

3.3.2 碳量子点含量对纳滤膜性能的影响

首先以 2%（质量分数）的 PIP 水溶液和 0.1%（质量分数）的 TMC 正己烷溶液为反应单体进行界面聚合。所制备的原始 TFC 表现出低渗透性（6.2 $L\cdot m^{-2}\cdot h^{-1}\cdot bar^{-1}$）。该 TFC 对二价盐硫酸钠和氯化镁均表现出高选择性，对一价盐氯化钠的选择性较低，这是由在水溶液中的道南效应和尺寸筛分的共同作用导致的。传统界面聚合纳滤膜对不同盐的纳滤性能见图 3-4。

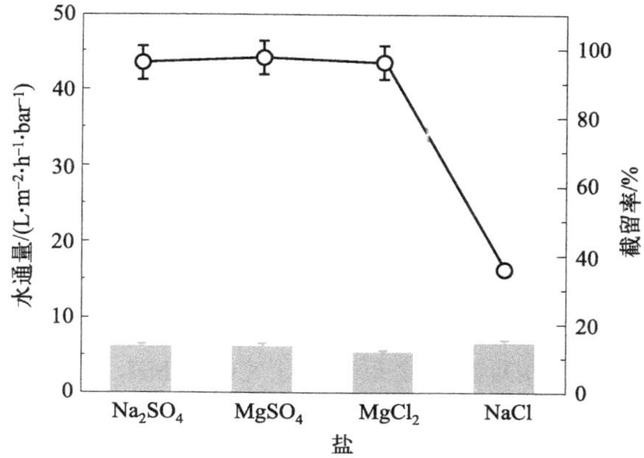

图 3-4　传统界面聚合纳滤膜对不同盐的纳滤性能

在界面聚合过程中添加剂的加入能显著影响纳滤膜的性能。首先探究了碳量子点作为水相添加剂时，其含量对膜性能的影响。如图 3-5 所示，随着碳量子点的加入，水通量逐渐上升，当 $CQDs\text{-}NH_2$ 的加入量为 2 %（质量分数）时，与原始的 TFC 相比，水通量由原来的 6.2 $L \cdot m^{-2} \cdot h^{-1} \cdot bar^{-1}$ 上升至 38 $L \cdot m^{-2} \cdot h^{-1} \cdot bar^{-1}$，为原来的近 6 倍，对二价盐硫酸钠的截留率大幅下降。说明碳量子点能够改变原有的界面聚合层的孔结构，使原有形成的致密 TFC 结构更加疏松。

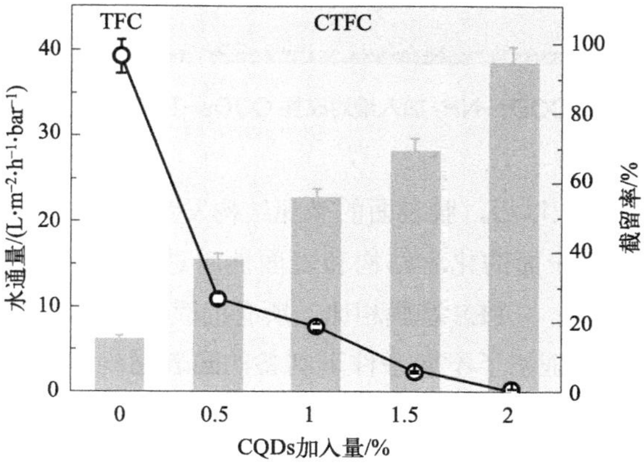

图 3-5　碳量子点的加入量对纳滤膜性能的影响

3.3.3 碳量子点对纳滤膜的结构与表面性质影响

3.3.3.1 $CQDs-NH_2$ 对 CTFC 纳滤膜结构影响

通过 SEM 对不同 $CQDs-NH_2$ 加入量改性制备的 CTFC 纳滤膜进行分析（图 3-6）。未经改性的以 PIP 和 TMC 为单体制备的 TFC 呈现出了传统的结节状。随着 $CQD-NH_2$ 加入量的不断增大，膜表面的结节尺寸不断变大，逐渐消失，膜表面的粗糙度逐渐下降。膜的表面微观结构发生了明显的变化。在界面聚合过程当中，水相 PIP 向水油界面处进行扩散形成界面聚合层。位于下方基膜内的 PIP 分子不断向上扩散的反应逐渐受到抑制，直至反应形成的纳米气泡不能突破多次累积形成的致密 TFC，反应终止，形成结节状的结构。而加入 $CQDs-NH_2$ 之后，由于 $CQDs-NH_2$ 占据了一部分的体积，在很大程度上会阻碍 PIP 的扩散。同时也会抑制纳米气泡对初生的界面聚合层造成的冲击力。因此，随着 $CQDs-NH_2$ 加入量的增大，膜表面的结节状结构逐渐消失，膜表面粗糙度下降。

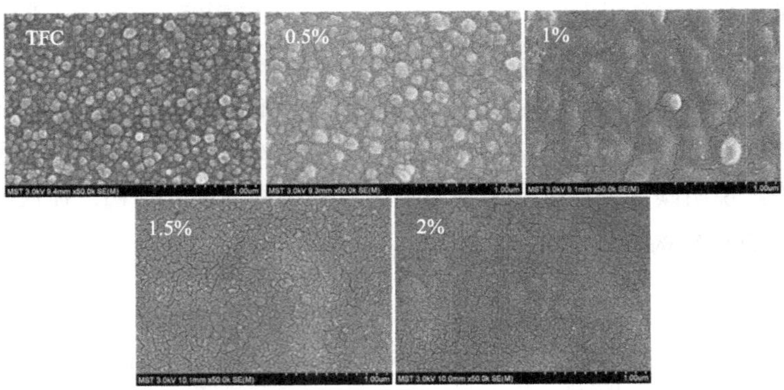

图 3-6 不同 $CQDs-NH_2$ 加入量对改性 CQDs-TFC 纳滤膜的 SEM 分析

$CQDs-NH_2$ 加入以后，膜表面的微观结构发生了明显的变化。因此，通过 ATR-FTIR 对膜表面的化学结构和表面性质进行分析（图 3-7）。发现在界面聚合反应之后，与 PES 基膜相比，所有的膜在 1638 cm^{-1} 处均出现了归属于酰胺键的峰，证明了不同条件下制备的膜表面均已成功形成了聚酰胺选择层。

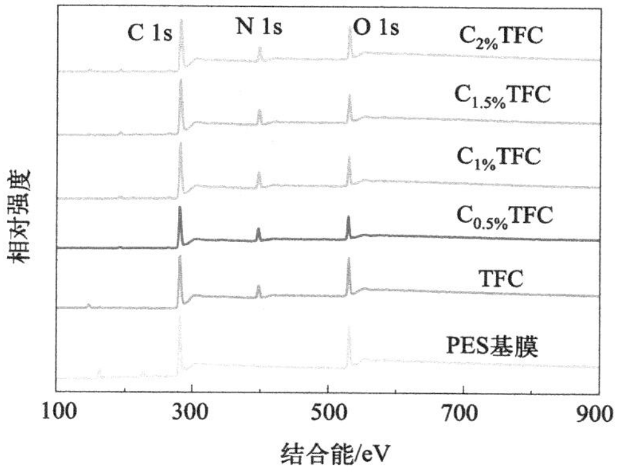

图 3-7　不同膜表面的化学结构分析

3.3.3.2　$CQDs-NH_2$ 对 CTFC 纳滤膜亲水性影响

通过接触角测试对不同 $CQDs-NH_2$ 含量改性制备的膜表面亲水性变化进行了测试。当 $CQDs-NH_2$ 的含量较低（< 1 %）时，接触角基本没有变化，在误差范围之内。当 $CQDs-NH_2$ 的含量继续增大至 1.5 % 时，接触角逐渐变小，膜表面亲水性增强，有利于水分子在膜表面的迅速铺展及传输，提升膜的性能（图 3-8）。

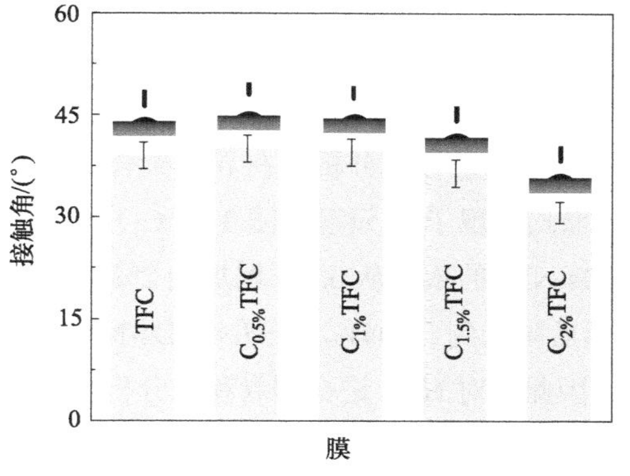

图 3-8　不同含量 $CQDs-NH_2$ 改性制备的 CTFC 膜表面亲水性变化

3.3.3.3　$CQDs-NH_2$ 对 CTFC 纳滤膜内部结构影响

加入 $CQDs-NH_2$ 之后，改性 CTFC 膜的渗透性大幅提升。除了膜表面亲水性的提升有利于膜性能的提升之外，膜内部结构的变化也会显著影响分子在膜内的传输。因此，通过 XRD 测试了膜内部结构的变化。如图 3-9

所示，随着 $CQDs-NH_2$ 的加入，峰的强度下降，结晶度变小。这可能是由于 $CQDs-NH_2$ 的加入，打破了原有的 PIP 与 TMC 之间的界面聚合反应平衡，使形成的聚酰胺网络结构更加无序，造成结晶度下降。在聚合物纳滤膜中，水分子通过聚合物链间的孔进行传输。无序的结构意味着相互缠绕的聚酰胺结构有更多的自由孔，使膜的渗透性提升。当 $CQDs-NH_2$ 的加入量为 2% 时，峰的强度又开始上升，这可能是因为 $CQDs-NH_2$ 含有非晶态和晶态两种结构。

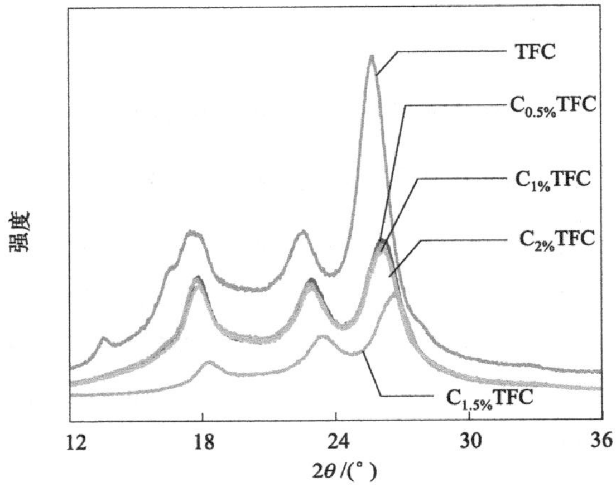

图 3-9　$CQDs-NH_2$ 的含量使膜内部结晶度的变化

$CQDs-NH_2$ 的加入使膜内部结构更加无序，自由孔更多。因此，通过 XPS 对膜表面的化学组成进行了分析。在界面聚合反应之后，与 PES 基膜相比，所有的膜表面均出现了 N 元素［图 3-10（a）］，证明成功形成了聚酰胺选择层。当 $CQDs-NH_2$ 的浓度从 0.5% 增加到 2% 时，N 的含量从 12.17% 增加到 12.24%，然后降低到 11.04%，证明 $CQDs-NH_2$ 的加入改变了界面聚合反应（表 3-1）。因此，对 N 1s 进行解卷积来分析含 N 的官能团分布［图 3-10（b）～（f）］。

表 3-1　不同膜表面的化学元素分析

纳滤膜	表面元素组成 /%				
	C	N	O	S	Cl
PES	71.18	0.82	21.73	6.27	0
TFC	73.08	9.30	17.62	0	0

续表

纳滤膜	表面元素组成 /%				
	C	N	O	S	Cl
$C_{0.5\%}$TFC	73.20	12.17	13.81	0	0.82
$C_{1\%}$TFC	72.59	12.24	13.84	0.32	1.01
$C_{1.5\%}$TFC	73.04	11.97	13.63	0	1.36
$C_{2\%}$TFC	71.94	11.04	16.14	0	0.88

在界面聚合反应的过程中，PIP 的仲胺将与 TMC 反应生成聚酰胺网络结构。因此，未改性的 TFC 表面含有两种含 N 的官能团：反应形成的酰胺键以及 PIP 分子中的仲胺［图 3-10（b）］。当用 CQDs-NH_2 进行改性之后，所有的膜表面均出现了归属于 CQDs-NH_2 的—NH_2。并且在以相同的 PIP 浓度进行反应的条件下，与未改性的 TFC 相比，—NH—的峰面积发生了变化［图 3-10（c）～（f）］。因此，通过计算对不同含 N 的官能团比例的变化进行了分析（表 3-2）。

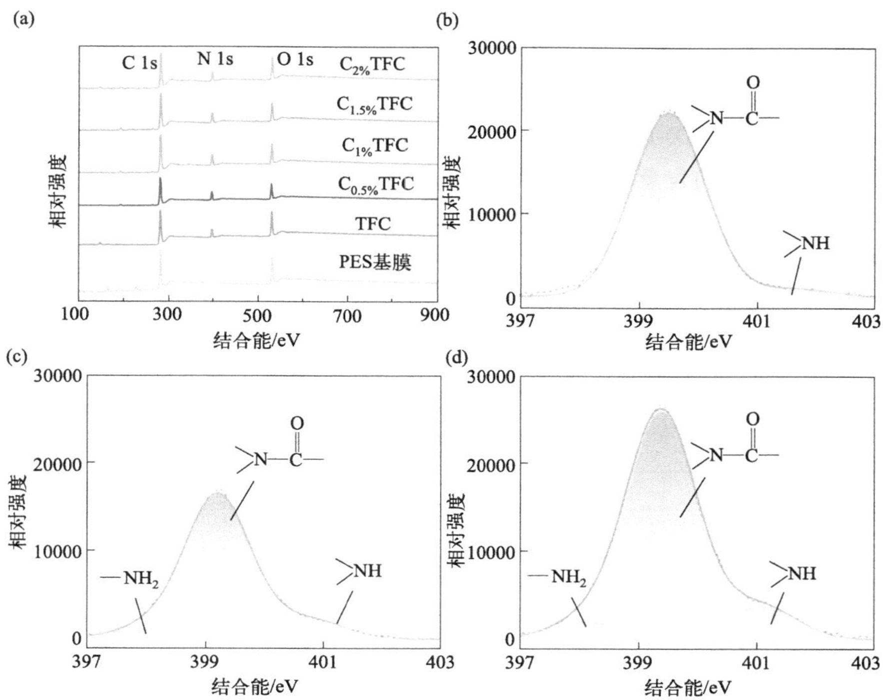

图 3-10

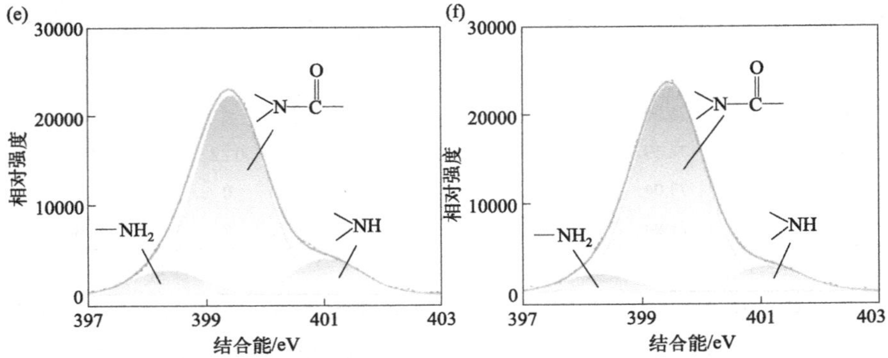

图 3-10 不同膜表面的元素分析（a）以及对应的 N 1s 的解卷积分析（b）TFC；（c）$C_{0.5\%}$TFC；（d）$C_{1\%}$TFC；（e）$C_{1.5\%}$TFC；（f）$C_{2\%}$TFC

随着 CQDs-NH_2 的浓度从 0.5% 增加到 1.5%，归属于 CQDs-NH_2 结构本身的—NH_2 的含量由 5.93% 增加到 9.58%，而经过界面聚合反应形成的—N—CO—的含量从 83.10% 降低到 76.62%，说明 CQDs-NH_2 的加入可以降低界面聚合反应程度形成结构疏松的选择层结构。—NH—的含量从 10.97% 增加到 13.80%，这可能是因为交联度下降，未反应的 PIP 分子增多。此外，以 PEI-600 为碳源合成的 CQDs-NH_2 结构本身也含有一定量的—NH—。当 CQDs-NH_2 的含量从 1.5% 增加到 2% 时，—NH_2 的含量降低，而—N—CO—的含量增加，这可能是随着 CQDs-NH_2 加入量的增大，单位空间体积内 CQDs-NH_2 的粒子数量增多，部分—NH_2 与 TMC 进行了反应导致的。在这个过程中，CQDs-NH_2 的空间尺寸与较低的反应活性，导致形成的聚酰胺网络结构疏松，部分没有参与反应的 PIP 分子在溶剂置换的过程中浸出到相转化溶液中。

表 3-2 不同膜表面含 N 官能团组成分析

纳滤膜	—NH_2 含量 /%	—N—CO—含量 /%	—NH—含量 /%
TFC	0	94.99	5.01
$C_{0.5\%}$TFC	5.93	83.10	10.97
$C_{1\%}$TFC	6.44	81.58	11.98
$C_{1.5\%}$TFC	9.58	76.62	13.80
$C_{2\%}$TFC	7.24	82.36	10.40

3.3.3.4　CQDs-NH_2 改性后膜表面电性变化

在界面聚合反应过程中，一部分酰氯基团与胺类分子反应形成聚酰胺结构，其他酰氯基团未反应，水解成羧基，因此碳量子点在影响界面聚合反应的过程中，也能给膜表面电荷性质带来显著的影响。如图 3-11 所示，未经任何改性的 PES 基膜表面在广泛的 pH 值范围内呈负电。在界面聚合反应之后，由于裸露的游离氨基在酸性条件下质子化，因此在酸性条件下其正电性要强于 PES。在碱性环境中，羧基去质子化，使膜表面的负电性增强。在加入 PEI 改性的 CQDs-NH_2 之后，可以看到膜表面开始由负电性变成正电性，等电点也随之发生改变。这可能是由于 PEI 改性后的 CQDs-NH_2 呈正电性。在界面聚合形成过程中，当 CQDs-NH_2 的加入量为 1% 时，由于其含量较少，因此最终形成的膜在表面正电性提升的同时，保留了一

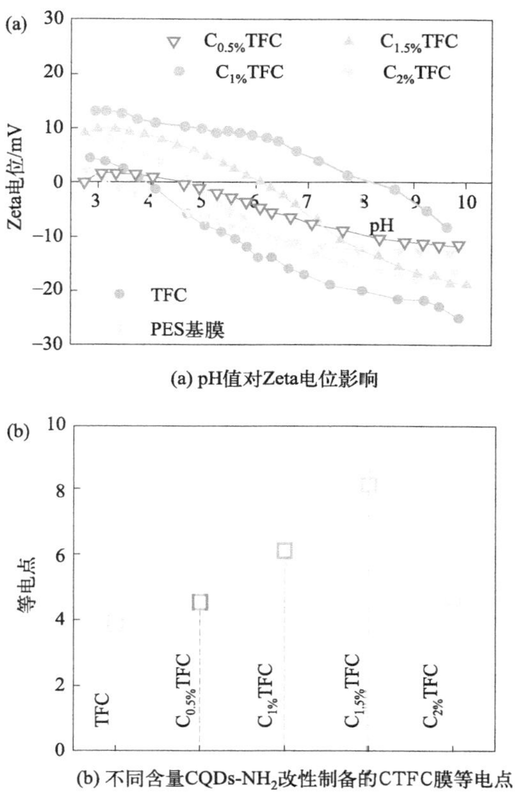

(a) pH值对Zeta电位影响

(b) 不同含量CQDs-NH_2改性制备的CTFC膜等电点

图 3-11　不同含量 CQDs-NH_2 改性制备的 CTFC 膜表面电位分析

部分的负电性。随着 CQDs-NH_2 的加入量逐渐增大，由于其超亲水性，抑制了界面聚合反应的进行，破坏了反应平衡，使界面聚合层产生缺陷，部分 CQDs-NH_2 裸露在表面，因此膜表面正电性最为明显。当其加入量继续增大到 2% 的时候，由于含量过高以及 CQDs-NH_2 本身的疏水结构与有机膜之间的强亲和性，使 CQDs-NH_2 吸附在 PES 膜表面后发生聚集，部分膜孔被 CQDs-NH_2 的聚集体堵塞。同时，由于其亲水性以及正电性对 PIP 产生的强吸引力，降低了界面聚合反应速率，使大部分的酰氯基团水解，因此膜表面负电性又有所增强。

3.3.4 碳量子点改性复合膜对染料的分离性能

鉴于改性以后膜表面的电性发生了明显变化，分别测试了四种不同性质的盐溶液以观察纳滤膜的分离性能。当以不同性质的盐溶液作为进料液时，与传统的 TFC 相比，改性后的膜对不同盐溶液的分离性质发生改变。如图 3-12 所示，随着碳量子点的加入，水通量大幅上升，四种盐的截留率都表现出了明显下降。加入碳量子点改性的膜，对 $MgCl_2$ 表现出较高的截留率，对于 Na_2SO_4 和 $MgSO_4$ 的截留率都明显低于 $MgCl_2$。这与膜表面的正电性质基本保持一致。但是，当 CQDs-NH_2 的加入量为 2% 时，$C_{2\%}$TFC 表面带负电，与表现出的分离性能出现了偏差。这可能是由于改性以后膜的结构变得疏松，对盐的选择性较低，在分离的过程中，盐溶液穿过膜孔时，选择层内部的带正电的 CQDs-NH_2 与 Mg^{2+} 之间产生了斥力，阻碍了 Mg^{2+} 的穿孔过程，进而使测试过程中膜表面的荷电性质发生变化，使 $MgCl_2$ 的截留率高于 Na_2SO_4。

使用未改性的 TFC 和 2 %CQDs-NH_2 改性制备的 CTFC 两种膜对具有不同分子结构和分子量的五种染料进行了测试（图 3-13）。未改性的 TFC 膜对五种染料均表现出超高的选择性，截留率约 100%，渗透性较差，约为 $6.2\ L \cdot m^{-2} \cdot h^{-1} \cdot bar^{-1}$。改性以后，以 $50\ mg \cdot kg^{-1}$ 的染料溶液作为进料液时，CTFC 的渗透性与纯水相比有所下降，这可能是有机染料吸附在膜表面造成的膜污染引起了水通量下降。此外，由于染料的荷电性质，也会使有效跨膜压差降低，引起水通量下降。改性的 CTFC 膜对染料的选择性大幅下降，说明 CQDs-NH_2 的加入改变了选择层内部结构，使结构疏松，膜孔变大，因此膜的选择性下降。

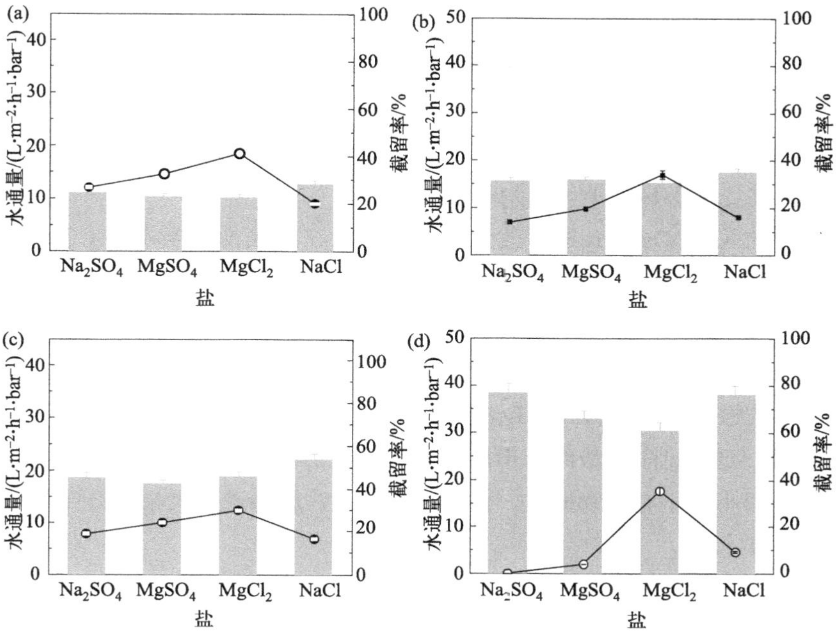

图 3-12　不同含量 $CQDs-NH_2$ 制备的膜对盐溶液的分离性能的影响

（a）$C_{0.5\%}TFC$；（b）$C_{1\%}TFC$；（c）$C_{1.5\%}TFC$；（d）$C_{2\%}TFC$

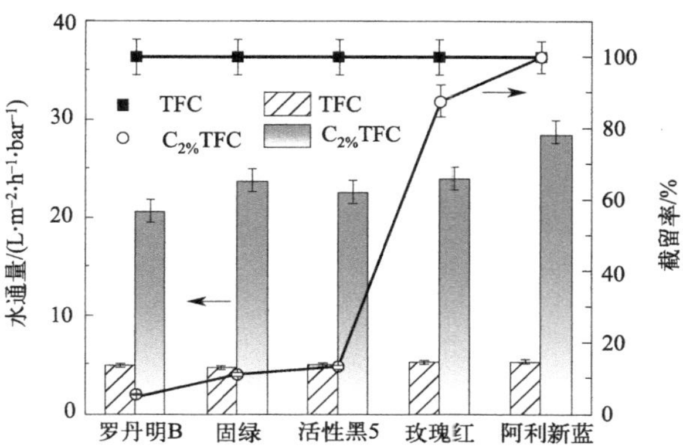

图 3-13　改性前后的两种膜对不同染料的分离性能

3.3.5　碳量子点改性复合纳滤膜的结构性能分析

通过上述一系列的结构和性能的测试，对改性前后不同界面聚合反应过程进行了分析（图 3-14）。界面聚合过程是一个自抑制反应。在传统的

PIP 和 TMC 反应过程中，水相的 PIP 向水油界面处扩散与油相的 TMC 进行反应，直至生成的聚酰胺网状结构足够致密，水相的 PIP 不能再继续扩散到油相时反应终止。反应形成的致密 TFC 对盐和小分子有机物均有很高的截留率。同时，由于致密的选择层具有较大的阻力，该 TFC 表现出较低的渗透性［图 3-14（a）～（c）］。

当加入 $CQDs-NH_2$ 进行改性以后，吸附在膜表面的亲水性 $CQDs-NH_2$ 在一定程度上会降低 PIP 向油相的扩散速率，使反应速率下降。并且，由于大尺寸的 $CQDs-NH_2$ 存在，在反应过程中，其会阻碍储存于基膜孔内的 PIP 向上反应扩散，占据原有的反应空间位置，会导致形成的膜结构较为疏松。此外，改性以后的 $CQDs-NH_2$ 表面的氨基也会与 TMC 进行反应，与 PIP 之间形成一定的竞争。最终，形成了结构疏松的 CTFC 网状结构，从而允许无机盐和小分子有机物通过，传质阻力减小，膜渗透性大幅提升［图 3-14（d）～（f）］。

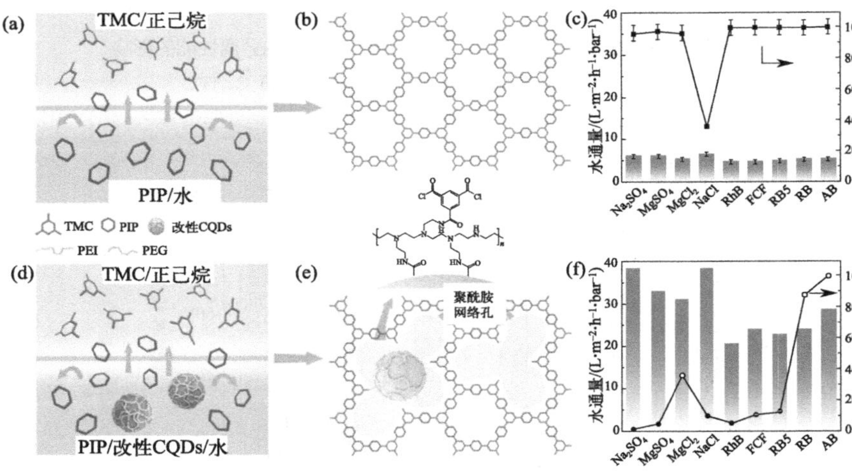

图 3-14 不同界面聚合反应过程对膜结构和性能的影响分析图

（a）～（c）TFC；（d）～（f）$C_{2\%}TFC$

3.3.6 碳量子点改性复合膜用于染料分离

通过对改性制备的 CTFC 进行分离性能测试，该膜对 RhB 的截留率＜5％，对 AB 的截留率近似 100%。因此，将改性膜用于 AB 和 RhB 两种染料混合溶液的分离。如图 3-15 所示，透过液仅表现 RhB 的颜色。通过紫外 - 可见（UV-Vis）光谱对混合前后的溶液以及透过液进行扫描，发现透过液没有出现 AB 的吸收峰，进一步证明改性膜可以成功分离两种小分子染料，实现了纳米尺度的精准分离。

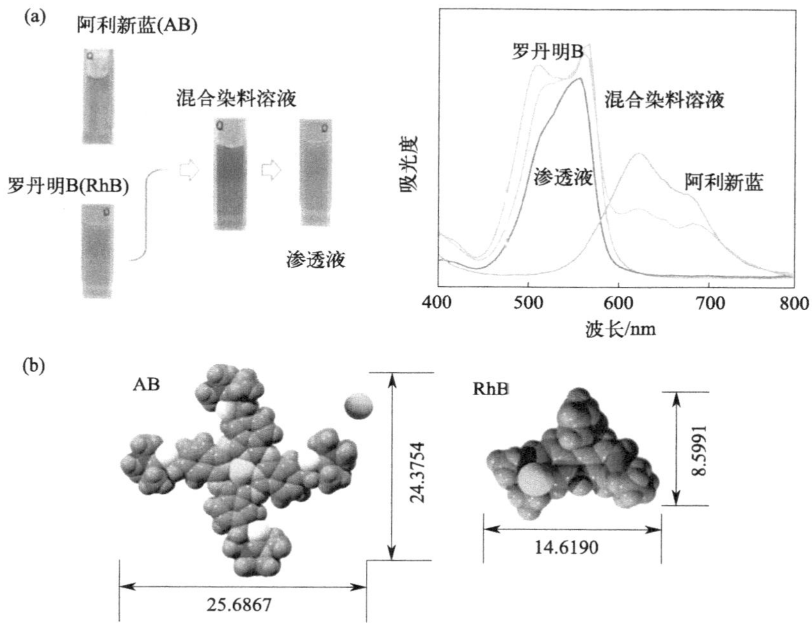

图 3-15　AB 和 RhB 混合染料分离效果图和光谱分析及两种染料分子结构图

（a）AB 和 RhB 两种混合染料分离效果图片对比以及对应的 UV-Vis 光谱分析；（b）两种染料分子结构图

3.4　本章小结

本章利用亲水性的 CQDs-NH_2 作为水相添加剂与哌嗪共同作为水相调控制备疏松聚酰胺有机纳滤膜。随着加入量的增大，膜表面形貌逐渐变光滑，亲水性增强，形成的选择层交联度下降。膜的渗透性从 6.2 $L \cdot m^{-2} \cdot h^{-1} \cdot bar^{-1}$ 提升至 38 $L \cdot m^{-2} \cdot h^{-1} \cdot bar^{-1}$，同时对阿利新蓝溶液保持 100% 的截留率。通过调整氨基碳量子点的含量来调控界面聚合反应过程，优化了改性纳滤膜的微观结构和表面性质，所制备的纳滤膜可以成功用于两种染料分子的分离，得到以下几个结论。

① 在水相中加入亲水性的纳米材料作为添加剂可以通过其亲水性降低水相胺类单体向水油界面处的扩散速率，降低界面聚合反应速率；吸附在基膜表面的纳米尺寸的材料形成的空间位阻也会阻碍吸附于基膜孔内的胺类单体扩散至界面处进行反应，最终控制形成膜孔相对疏松、表面光滑的界面聚合选择层结构。

② 具有可反应氨基的荷电纳米材料在某种情况下（提高浓度等）也可能参与界面聚合反应过程，并且纳米材料本身的电性可以在一定程度上强化纳滤膜的表面荷电性质。

③ 纳滤膜对溶液中离子的选择性可能会在溶液过滤的过程中因电荷屏蔽效应而发生变化，不能仅通过膜表面的电荷性质以及进料液的性质进行分析。应根据实际的分离体系，综合考虑道南效应、孔径筛分以及进料液离子的性质等分析荷电的纳滤膜对离子的选择性。

第 4 章

碳基纳米材料分离膜的制备方法优化

4.1 概述

传统的界面聚合有机纳滤膜成膜性好、反应迅速，但是可控性差，形成的聚酰胺网络结构高度无序且致密，渗透性较低，选择性高，对小分子物质难以实现有效分离。新型纳米材料分离膜反应缓慢、可控性强、结构相对有序、渗透性高，可以通过控制形成过程来得到不同选择性的分离膜，因此备受关注。但是，由于纳米材料与有机膜之间的分子作用力差，需要外界辅助手段、胶黏剂或者原位生长等促使纳米材料沉积在膜表面。但是，这些过程烦琐，大幅增加了制作成本，难以实现规模化。

氨基碳量子点（amine-functionalized carbon quantum dots，NH_2-CQDs）作为一种具有高度功能化的碳基纳米材料，因其良好的亲水性、化学稳定性和较强的膜表面修饰能力，在纳米分离膜的制备中展现出重要潜力。通过将氨基基团引入碳量子点，可以显著改善其在水相中的分散性，同时为膜材料的表面功能化提供更多活性位点，这些优异的特性使其成为膜分离技术中重要的改性材料。氨基碳量子点能够与聚合物基体形成纳米复合膜，通过界面聚合、共混或浸渍等方法将其均匀分散在膜材料中，从而提高膜的亲水性、分离选择性和抗污染能力。

研究表明制备的氨基碳量子点（$CQDs-NH_2$）的氨基在一定条件下可以与 TMC 反应，但是反应活性低。因此，利用有机纳米材料 $CQDs-NH_2$ 为基础，通过引入聚电解质形成双电层介导 $CQDs-NH_2$ 纳滤膜的快速制备。通过改变制膜条件探究了 $CQDs-NH_2$ 成膜性差的原因。通过结构和表面性质的一系列表征分析，阐明了聚电解质介导 $CQDs-NH_2$ 快速沉积形成不同结构和性能的纳滤膜的机理。实验在不使用任何辅助手段或者后处理的情况下，在室温下实现了高通量纳米材料分离膜的快速制备，可以有效分离混合溶液，实现资源的回收。本研究有望为优化氨基碳量子点改性膜的制备工艺和提高膜分离技术的效率提供理论依据和技术支持。

4.2 制备与测试方法

4.2.1 氨基碳量子点纳滤膜的制备

实验制备了两种膜。一种是直接将不同含量的氨基碳量子点加入水相中搅拌均匀，然后与含 0.1%（质量分数）TMC 的正己烷溶液进行反应。另一种是向水相加入对 pH 值有良好缓冲能力的马来酸 - 丙烯酸共聚物钠盐（PMAS）来快速介导 $CQDs-NH_2$ 的沉积，用于界面聚合反应（图 4-1）。调整水相和油相的时间以优化膜性能，根据两相浸泡时间的不同，将不同条件制备的膜简化称为 C_xT_y，x 代表水相的浸泡时间（min），y 代表油相的时间（min）。

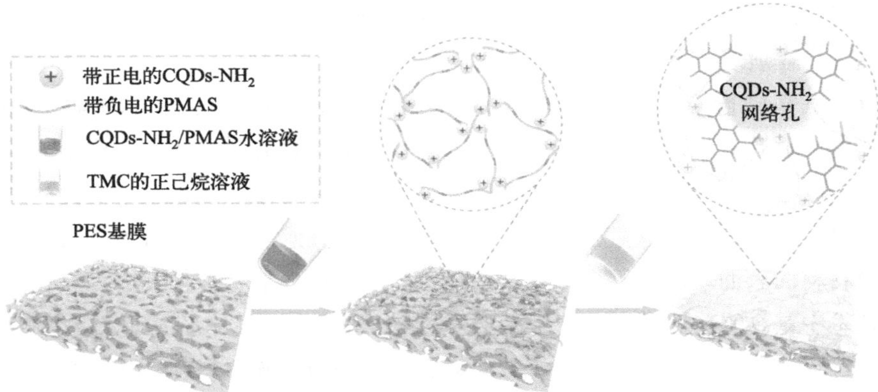

图 4-1　氨基碳量子点纳滤膜的制备流程图

4.2.2 纳滤膜的表征方法

见第 2 章 2.3 节。

4.2.3 纳滤膜的分离性能测试

见第 2 章 2.2 节。

4.3 结果与讨论

4.3.1 氨基碳量子点的结构表征与分析

详细信息见第 3 章 3.3.1 节。

4.3.2 PMAS 介导的氨基碳量子点纳滤膜的制备

首先探究了未加表面活性剂，仅以 CQDs-NH_2 作为单一水相浸泡 2min 时，不同水相浓度以及界面聚合反应时间对纳滤膜性能的影响见图 4-2。当 CQDs-NH_2 的浓度为 2%（质量分数）和 5%（质量分数）时，随着界面聚合反应时间的延长，膜的性能有所下降，在界面聚合反应为 5 min 时，膜的性能基本保持稳定。这可能是由于 CQDs-NH_2 的反应活性较低或者是 CQDs-NH_2 与基膜表面之间的亲和力较大，短时间内不能使足够的 CQDs-NH_2 沉积在 PES 基膜表面进行反应。当 CQDs-NH_2 的浓度继续增大到 10%（质量分数）时，膜的渗透性大幅下降，并且随着界面聚合反应时间的延长，膜的性能稍微下降，在反应 5 min 时达到稳定，说明界面聚合反应 5 min 就可以完成，形成比较完整的选择层。较大的水相浓度意味着单位体积、单位时间内有更多的 CQDs-NH_2 可以沉积到 PES 膜的表面。因此，当水相浓度较低时，CQDs-NH_2 在膜表面沉积的量太少，不能形成完整的界面聚合层。

基于此实验结果，将界面聚合反应时间固定为 5 min，探究不同水相浓度以及浸泡时间对纳滤膜性能的影响（图 4-3）。

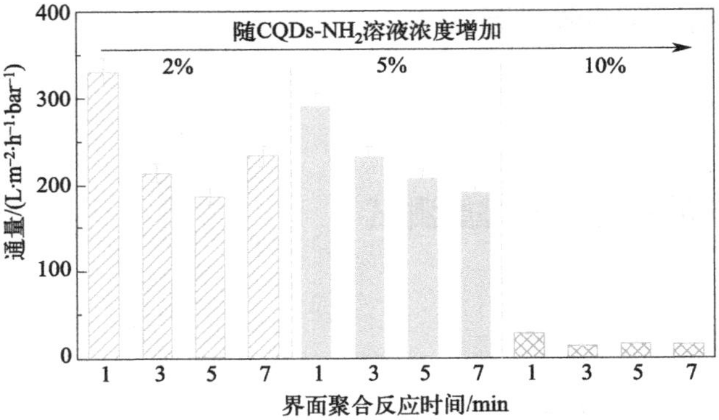

图 4-2　不同水相浓度和界面聚合反应时间对纳滤膜性能的影响

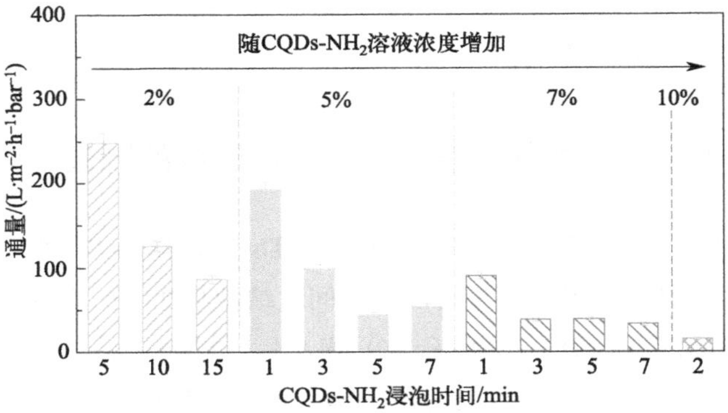

图 4-3　不同水相浓度和水相浸泡时间对纳滤膜性能的影响

当水相浸泡时间为 5 min 时，随着水相浓度的增大，膜的渗透性明显降低。这是因为浓度增大，单位空间体积内提供的可以吸附沉积在膜表面的 CQDs 含量增大，使反应位点增多，形成的结构较致密。但是，过高的浓度不仅会增加生产成本，而且也存在多层吸附甚至团聚的问题。通过调整水相的浸泡时间发现，随着水相浸泡时间延长，膜渗透性下降，最后趋于稳定。这可能是吸附逐渐达到饱和，界面处的浓度与溶液中的浓度处于相对平衡的状态造成的。

加入聚电解质类表面活性剂 PMAS 以后，首先探究了不同界面聚合条件，包括不同水相浸泡时间（2.5、5、7.5、10 min）以及不同界面聚合反应时间（1、3、5、7 min）对纳滤膜性能的影响（图 4-4）。实验发现，不同界面聚合条件所制备的膜性能有明显变化。当水相浸泡时间为 2.5 min，延长界面聚合反应时间对膜渗透性并没有明显的变化，说明 1 min 已基本反应完全，形成比较完整的界面聚合层。证明 PMAS 的加入不仅提供了足够的 CQDs-NH_2 进行反应，还加速了界面聚合反应的进行。随着界面聚合反应时间的延长，膜的性能基本保持稳定，对硫酸钠的截留率升高，这可能是由于更多的 TMC 水解成羧基，使膜表面的电负性增强。当延长水相的浸泡时间为 5 min 时，膜的渗透性大幅升高，膜对硫酸钠的选择性下降。而且延长界面聚合反应时间，膜的渗透性有所下降，说明 1 min 内没有形成完整的界面聚合层。继续延长水相浸泡时间，膜的渗透性下降，对于硫酸钠的选择性上升。

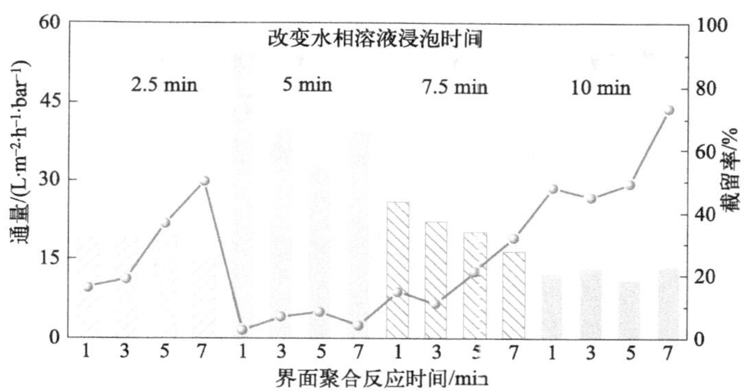

图 4-4　PMAS 的加入对不同条件制备的纳滤膜的性能影响

延长水相浸泡时间意味着水相浓度增大，理论上选择层的渗透性降低。但是，当水相浸泡时间为 5 min 时，膜的渗透性明显增强至 50 $L \cdot m^{-1} \cdot h^{-1} \cdot bar^{-1}$ 左右。这可能是由于亲水性的 CQDs-NH_2 含量增大，使界面聚合反应速率降低，1 min 未反应完全。此外，CQDs-NH_2 在膜表面发生团聚，也会给选择层带来缺陷，因此反应完全之后的膜对硫酸钠的选择性较低（$<$ 10%）。继续延长浸泡时间为 7.5 min，膜的渗透性开始下降。这可能是大量的 CQDs-NH_2 在静态吸附沉积的过程中团聚，堵塞膜孔，因此选择性有所升高。当水相浸泡时间为 10 min，渗透性继续下降，选择性升高，延长界面聚合反应时间对渗透性没有变化。这可能是由于 CQDs-NH_2 已沉积完全，形成了比较均匀的 CQDs-NH_2 膜层，不会因高低起伏的膜表面粗糙度变化而给超

薄的选择层带来缺陷。

4.3.3　氨基碳量子点纳滤膜结构和表面性质

4.3.3.1　氨基碳量子点纳滤膜结构变化

为了探究 PMAS 的加入对氨基碳量子点纳滤膜形成的影响机理，通过一系列的表征手段对膜表面结构和性质的变化进行了分析。所有 C_x 膜在纯 CQDs-NH_2/H_2O 溶液浸泡后均呈现典型的聚合物膜形貌［图 4-5（a)］。引入 PMAS 后，P-C_x 膜表面开始出现不规则的凸起结构［图 4-5（c)］。这些凸起先变大（7.5 min），然后呈现均匀的结构（10 min）。结果强有力地证明了 PMAS 的加入改变了 CQDs-NH_2 的沉积行为。C_xT_1 膜表面粗糙度先从 7.99 nm 增加到 8.34 nm，然后降低至 3.08 nm（图 4-6）。P-C_xT_1 膜的粗糙度则先降低至 4.64 nm，然后增加至 6.18 nm。因此，P-C_5T_1 膜的高透过性可能归因于粗糙度增加所导致的较大传输面积。C_xT_1 和 P-C_xT_1 膜表面均表现出平滑的形貌和粗糙度，这可能归因于 CQDs-NH_2 和 TMC 在界面的自抑制过程。

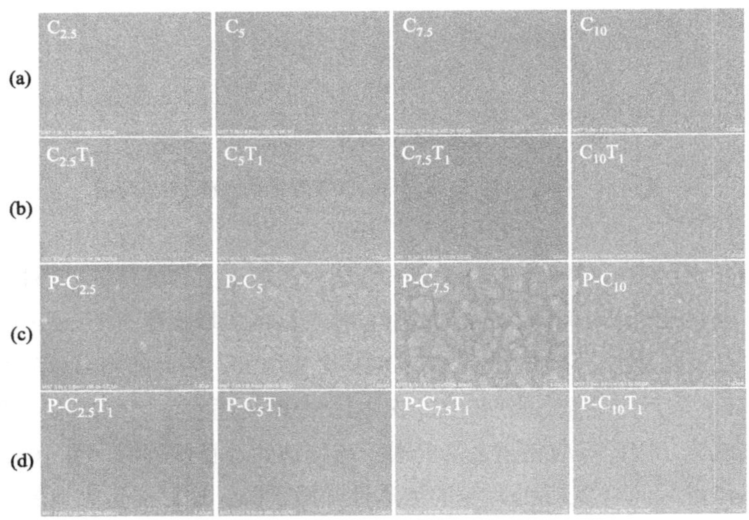

图 4-5　在不同条件下制备的纳滤膜表面 SEM 图像

（a）只有 CQDs-NH_2；（b）CQDs-NH_2 和 TMC 反应制备的 C_xT_y 膜；

（c）CQDs-NH_2 和 PMAS 的混合溶液；（d）P-C_xT_y 膜

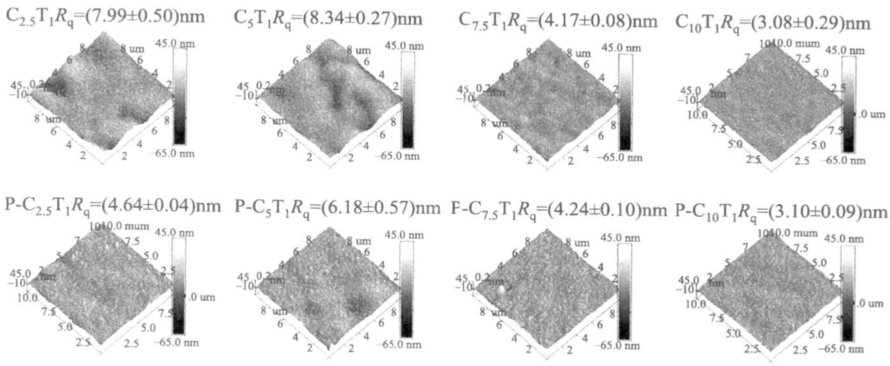

图 4-6　界面聚合过程后在不同条件下制备的纳滤膜表面 AFM 图像

通过 ATR-FTIR 对不同反应条件下制备的纳滤膜表面化学组成结构进行分析（图 4-7）。所有 P-C_xT_1 膜均显示出属于—NH—CO—的特征峰，证明了 CQDs-NH_2 的—NH_2 基团与 TMC 之间成功发生了反应。在 1638 cm^{-1} 处均出现了归属于酰胺键的峰，证明 CQDs-NH_2 的氨基与 TMC 成功反应。但是，红外并没有检测到表面活性剂的峰，这可能是由于红外的探测深度为几微米，加入的表面活性剂太少被其他吸收峰覆盖。

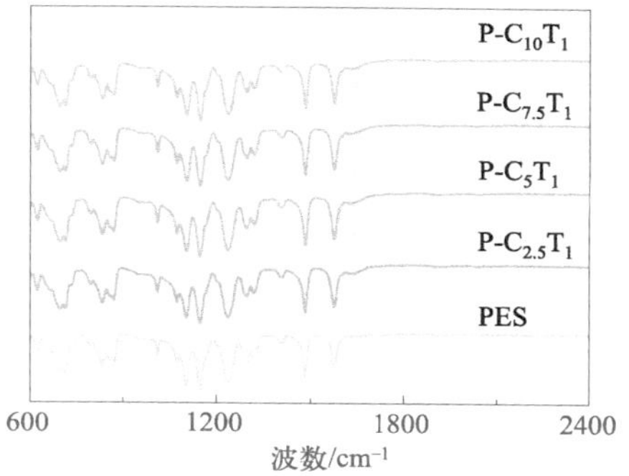

图 4-7　不同反应条件制备的纳滤膜的化学结构组成分析

通过 XPS 来对膜表面的化学元素进行分析（表 4-1）。所有的膜表面均含有不同含量的 S 元素，归属于聚醚砜基膜。探测到的 Cl 元素可能是 TMC 水解不完全导致。此外，四种膜表面均检测到了 Na 元素的存在，证明了表面活性剂在界面聚合反应中发生了作用，以某种形式存在于选择层表面或者界面聚合层内部。

表 4-1　不同界面聚合条件所制备的纳滤膜表面元素分析

纳滤膜	表面元素组成 /%						N/O
	C	N	O	S	Na	Cl	
$C_{2.5}T_1$	71.16	9.82	16.74	1.27	0.53	0.48	0.587
C_5T_1	67.87	6.04	24.10	0.86	0.73	0.40	0.251
$C_{7.5}T_1$	68.85	8.94	20.02	0.79	0.97	0.43	0.447
$C_{10}T_1$	69.44	9.84	19.21	0.76	0.75	0	0.512

由于酰氯中不含有 N 元素，因此以 CQDs-NH_2 作为水相单体进行界面聚合反应所形成的选择层的表面所有的 N 元素均来自 CQDs-NH_2。通常，以有机胺与酰氯通过界面聚合法制备的纳滤膜，所有的 N 元素均来自水相胺类单体，O 元素几乎全部来自油相的酰氯单体。N/O 的数值越接近 1，说明膜表面的交联度越大，膜结构越致密。但是，本研究中使用 CQDs-NH_2 作为水相单体，检测到的 N 元素仅能证明 CQDs-NH_2 存在于膜表面，并不能证明反应交联度的变化。因此对 N 1s 的精细谱进行了分析，并计算了各种基团在不同条件下的比例（表 4-2）。通过分峰表明所有纳滤膜表面的 N 元素均表现出—NH_2、—N—以及—NH—CO—三种存在形式（图 4-8）。—NH_2 全部来自 CQDs-NH_2 表面未反应的—NH_2。而—N—与—NH—CO—则由以 PEI 为前驱体合成的 CQDs-NH_2 表面基团，以及 CQDs-NH_2 表面的—NH_2 基团与 TMC 反应生成的—NH—CO—基团构成。基于对几种膜的选择性测试结果，C_5T_1 膜的选择性最低，理论上发生的反应程度最低。因此，即便在水相浸泡的过程中，C_5T_1 膜表面的沉积量小于 $C_{7.5}T_1$ 膜和 $C_{10}T_1$ 膜，但是，由于反应程度低，较少的—NH_2 与 TMC 发生反应，因此 C_5T_1 膜剩余的—NH_2 的含量最高。同理，$C_{7.5}T_1$ 膜和 $C_{10}T_1$ 膜由于反应程度高，残余的—NH_2 含量下降，—NH—CO—和—N—含量上升，进一步证明在界面聚合反应过程中 CQDs-NH_2 表面的—NH_2 与 TMC 发生了反应。

表 4-2　膜表面含 N 元素的基团比例分布

纳滤膜	—NH_2	—NH—CO—	—N—
$C_{2.5}T_1$	39.41%	50.77%	9.82%
C_5T_1	50.19%	45.20%	4.61%
$C_{7.5}T_1$	43.57%	46.23%	10.20%
$C_{10}T_1$	41.57%	48.99%	9.44%

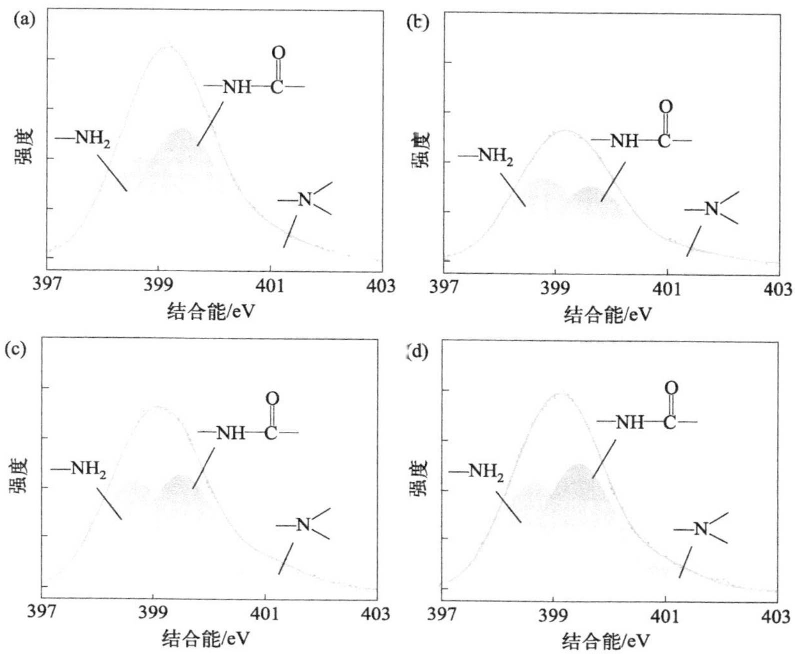

图 4-8　不同水相浸泡时间制备的纳滤膜表面 N 元素的 XPS 光谱分析

（a）2.5 min；（b）5 min；（c）7.5 min；（d）10 min

通过 XRD 对纳滤膜内部结构变化进行了探究。根据布拉格方程（$2d\sin\theta=n\lambda$），2θ 值越大，对应的 d 值越小。随着水相浸泡时间的延长，2θ 值先减小后增大，即膜内自由体积先增大后减小。此外，随着水相浸泡时间的延长，膜的结晶度降低。结晶度降低意味着有更多的非晶通道允许分子传输。当浸泡时间为 7.5 min 时，膜的结晶度大幅下降。可能是 CQDs 在膜表面形成了均匀的涂层所致。

4.3.3.2　氨基碳量子点纳滤膜表面性质变化

可以通过改变膜孔分布以及形貌等方法控制反应过程，以影响纳滤膜的渗透性以及选择性（图 4-9）。膜表面性质包括亲疏水性、表面电荷性质等，这些性质的变化也会影响纳滤膜的渗透性以及选择性。通过接触角测试对不同阶段的膜表面亲疏水性质进行简单评价（图 4-10）。在仅涂覆 $CQDs\text{-}NH_2$ 时，与纯的 PES 基膜相比，随着浸泡时间的延长，接触角逐渐下降，膜表面的亲水性逐渐增强。在与 TMC 进行界面聚合反应之后，接触角有一定的上

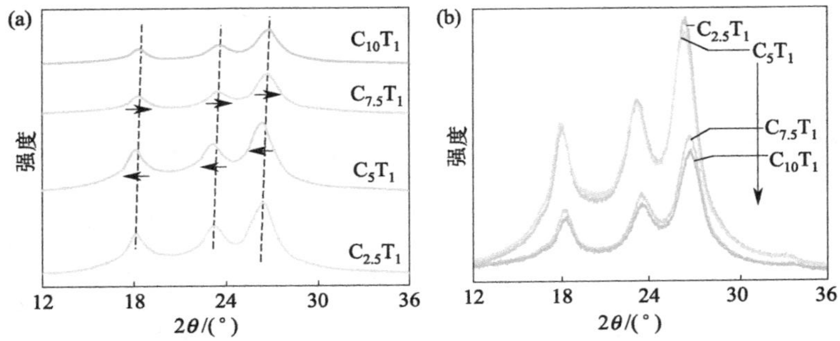

图 4-9 不同反应条件制备的纳滤膜内自由体积及结晶度变化

升，疏水性有所提高。这可能是由于 CQDs-NH_2 表面亲水性—NH_2 与 TMC 发生了反应生成了酰胺键，其亲水性弱于—NH_2、—OH 等端基基团。因此，界面聚合反应之后，疏水性有所提升。最终，形成了一个具有梯度亲疏水的三层结构：首先，界面聚合后的膜的疏水性有利于水分子接触到膜表面后，在上方压力的作用下低阻力、迅速滑入 CQDs-NH_2 与 TMC 反应形成的网状孔内；然后，内层未反应的 CQDs-NH_2 因具有亲水性会加速水分子在选择层内的传输，吸引水分子快速通过；最终，水分子以低阻力滑入大孔径的疏水超滤膜孔内，因此，膜的渗透性大大提高。

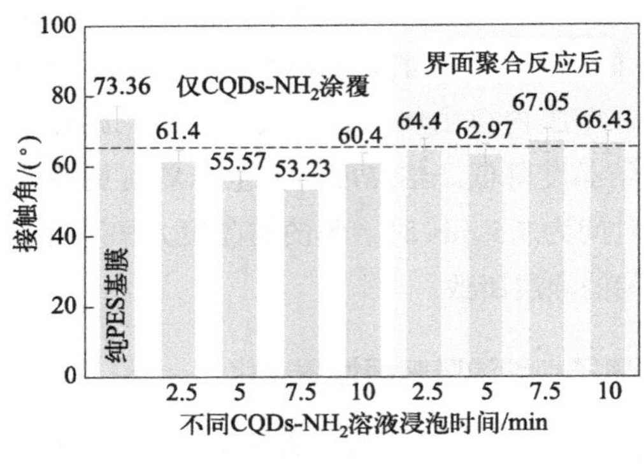

图 4-10 不同条件制备的膜界面聚合反应前后膜表面亲水性变化

对不同界面聚合条件制备的膜表面电位进行分析，所有的膜均呈现负电性。总体来讲，随着水相浸泡时间延长，膜在高 pH 值下的负电性以及低 pH 值下的正电性均有所增强。这是因为浸泡时间越长，沉积的 CQDs-NH_2

含量越高。由于 CQDs-NH_2 带正电，低 pH 值下 CQDs-NH_2 的—NH_2 质子化，因此正电性增强。CQDs-NH_2 具有亲水性，会降低反应速率，导致较多的 TMC 水解成—COOH，因此，在高 pH 值下，大量的—COOH 去质子化成—COO—使负电性增强。在水相浸泡时间为 5 min 时，由于界面聚合反应时间为 1 min，反应未结束，存有大量的 TMC 发生水解，表现出高负电性。

PMAS 的加入改变了 CQDs-NH_2 的沉积行为，并提高了膜的分离性能。考虑到 CQDs-NH_2、PES 基底和 PMAS 的电荷特性，我们通过 Zeta 电位测试了不同水相溶液浸泡后的膜表面性质，以分析 PMAS 的加入所带来的影响。

原始 PES 基底表面带负电荷。随着 CQDs-NH_2 浸泡时间的增加，C_x 膜的表面电荷特性增强，等电点从 5.53 变为 5.22，这归因于 CQDs-NH_2 与 PES 基底之间的电中和作用［图 4-11（a）］。引入 PMAS 后，P-C_x 膜的正电荷特性进一步增强，其等电点为 6.16 ～ 6.32［图 4-11（b）］。由于聚羧酸 PMAS 和 PES 基底均带负电荷，因此正电荷特性的增加可能归因于 CQDs-NH_2 量的增加，即 PMAS 的加入诱导更多 CQDs-NH_2 颗粒沉积在 PES 基底

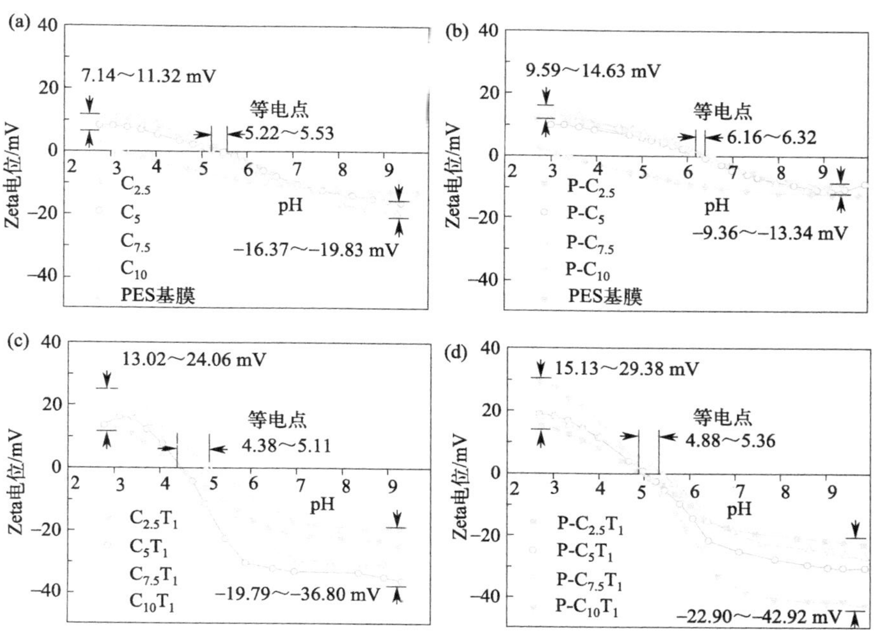

图 4-11　不同反应条件制备的 CT 膜表面电位分析

（a）C_x 膜；（b）P-C_x 膜；（c）C_xT_1 膜；（d）P-C_xT_1 膜

表面。在 IP 反应过程中，$CQDs\text{-}NH_2$ 的 $—NH_2$ 可能与 TMC 的 —COCl 发生反应，导致 $—NH_2$ 含量减少，而—COOH 含量增加。因此，与 C_x（−19.83mV）和 $P\text{-}C_x$（−13.34mV）膜相比，C_xT_1（−36.80 mV）和 $P\text{-}C_xT_1$（−42.92mV）膜的负电荷特性增强［图 4-11（a）～（d），取最低点比较］。$P\text{-}C_xT_1$ 膜的负电荷增加幅度更大（C_xT_1：−19.83 ～ −36.80mV；$P\text{-}C_xT_1$：−13.34 ～ −42.92mV）。这表明 PMAS 的加入促进了更多 TMC 分子与 $CQDs\text{-}NH_2$ 结合，并加速了 $CQDs\text{-}NH_2$ 与 TMC 之间的反应。

4.3.4 PMAS 介导氨基碳量子点纳滤膜的快速制备机理分析

$CQDs\text{-}NH_2$ 的尺寸为 5 nm 左右，属于大分子。在吸附的过程中，大分子吸附速度慢，$CQDs\text{-}NH_2$ 借助布朗运动逐渐扩散到 PES 基膜表面，然后在分子间作用力下缓慢发生吸附。并且形状可变，可以有多种吸附构形，伴随着多点吸附。因此，初始阶段并非所有的 $CQDs\text{-}NH_2$ 均与 PES 基膜表面直接接触。由于固液界面的固体会优先吸附能最大化降低膜表面自由能的物质，亲水性的 $CQDs\text{-}NH_2$ 会不断在膜表面吸附，直至膜表面自由能最小。当吸附在膜表面的 $CQDs\text{-}NH_2$ 浓度与溶液中的 $CQDs\text{-}NH_2$ 浓度达到一个相对平衡的状态时，吸附终止。由于 $CQDs\text{-}NH_2$ 的吸附会提升 PES 膜表面的亲水性，进一步降低界面聚合反应速率。因此，仅以 $CQDs\text{-}NH_2$ 作为水相时，界面聚合的需要较长的水相浸泡时间（5 min）和较长的 TMC 反应时间（5 min）才可以形成结构比较致密、完整的选择层（图 4-12）。

在加入聚羧酸盐 PMAS 与 $CQDs\text{-}NH_2$ 共同作为水相之后，PES 基膜会优先吸附能迅速降低表面自由能的 PMAS。在分子间作用力下，PMAS 的烷基链与疏水的 PES 紧密贴合。由于 PES 基膜带负电，因此靠近 PES 基膜表面的 PMAS 会发生重排，使 PMAS 的$—COO^-$ 朝外、Na^+ 朝内，形成双电层。在近表面的 Stern 层中，由于 PMAS 的优先吸附降低了 PES 膜的表面能，改变了近膜表面的负电荷排布，因此在分子间作用力和静电力的共同作用下，$CQDs\text{-}NH_2$ 快速吸附沉积到膜表面［图 4-12（a）］。随着浸泡时间的延长，Stern 层被弱化，进入扩散层，在布朗运动的作用下，$CQDs\text{-}NH_2$ 逐渐吸附沉积，发生多点吸附，使膜表面分布不均匀，故而使形成的界面聚合层存在一定的缺陷［图 4-12（b）］。继续延长浸泡时间，位于固液界面的 $CQDs\text{-}NH_2$ 与溶液中的 $CQDs\text{-}NH_2$ 的浓度处于平衡的状态，吸附达到平衡形成完成的 CQDs-NH_2 层，进而使形成的界面聚合层完整［图 4-12（c）］。因此，PMAS 的存在，大大加速了 CQDs-NH_2 在 PES 膜表面的吸附。由于其良好的分散活性可以进一步调控界面聚合反应的进行，因此低反应活性的 CQDs-NH_2 的氨基基团能够快速与 TMC 进行反应，大幅缩短界面聚合反应时间。

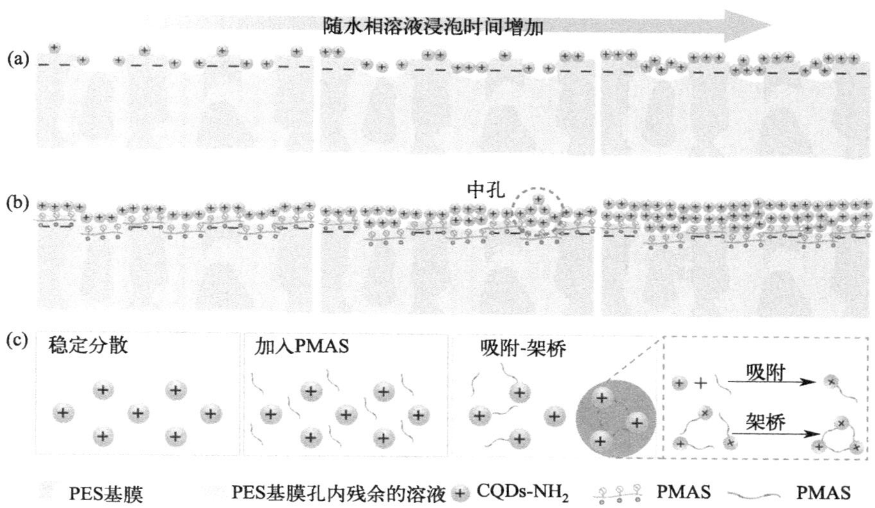

图 4-12　不同水相溶液在膜表面吸附随时间变化示意图

4.3.5　氨基碳量子点纳滤膜用于染料和盐的分离

首先用具有不同分子量和结构的染料溶液来测试 C_5T_1 膜的分离性能（图 4-13）。随着染料分子量的增大，选择性上升。对于刚果红的截留率为 100%。在印染工业中经常使用 NaCl 或者 Na_2SO_4 来提高活性染料的上染能力。如不进行有效分离加以回收利用会造成大量的资源浪费。因此，采用活性黑 5（BR5）与 NaCl 来研究膜对此混合溶液的分离性能。

用 C_5T_1 膜对不同组成的染料和盐的混合溶液进行分离，探究进料液组成对膜分离效果的影响（图 4-14）。固定染料的浓度为 50 mg · kg^{-1}，改变混合溶液中 NaCl 的浓度为 1、2、3、4、5 g · L^{-1}。实验发现，C_5T_1 膜对混合溶液中 NaCl 的透过率较单一 NaCl 溶液有所降低，而 C_5T_1 膜对单一 NaCl 溶液的透过率为 100 %。因此，C_5T_1 膜对混合溶液中 NaCl 的截留率提高可能是RB5染料分子与NaCl之间相互作用引起的。随着NaCl浓度的增大，C_5T_1膜对混合溶液中NaCl的透过率基本不变，维持在10%～15%之间，对RB5的截留率不断下降。这可能是混合体系中介电效应主导的分子排列变化所致。NaCl浓度的增大，对RB5染料分子本身有一定的电荷屏蔽作用，使道南效应被大幅削弱，并且水化后的染料分子周围的水分子发生了重排，少量染料分子穿过膜孔，因此选择性下降。

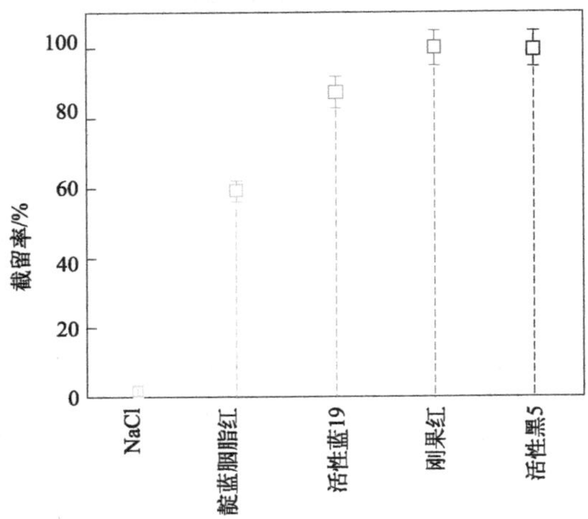

图4-13　对不同染料溶液的分离性能

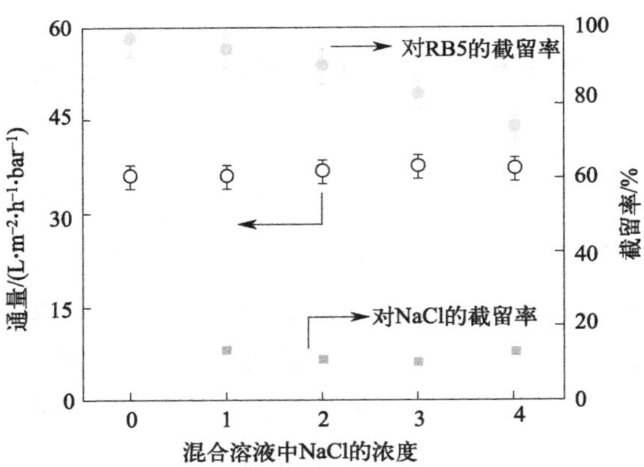

图4-14　C_5T_1膜对不同浓度组成的RB5和NaCl混合溶液的分离效果探究（RB5：50 mg · kg^{-1}；NaCl：1～5 g · L^{-1}）。

4.3.6 氨基碳量子点纳滤膜的长期稳定性测试

将所制备的 C_5T_1 膜用于分离染料与盐的混合溶液。以 50 mg · kg^{-1} 的 RB5 和 1 g/L NaCl 组成混合溶液，通过实验室自制的小型错流装置，在 4 bar 的压力下进行长期稳定性的测试。如图 4-15 所示，随着时间的推移，膜的渗透性逐渐下降，在连续测试 14 h 后，膜的渗透性基本稳定。这可能是初始测试阶段有机染料分子不断沉积在膜表面形成滤饼层，使膜孔堵塞，引起渗透通量不断下降（第一阶段）。随后，膜的渗透性不再下降，基本稳定在 17 L · m^{-2} · h^{-1} · bar^{-1} 左右。这可能是滤饼层完全形成，染料分子的持续沉积不会继续对膜孔分布造成影响。尽管，在长期测试的过程中，膜渗透性由 43 L · m^{-2} · h^{-1} · bar^{-1} 不断下降到 17 L · m^{-2} · h^{-1} · bar^{-1}，膜的性能有较大的衰减。但是，膜的选择性基本没有变化，并且稳定以后的渗透性远远高于传统的商业聚酰胺纳滤膜，表现出较高的分离水平。

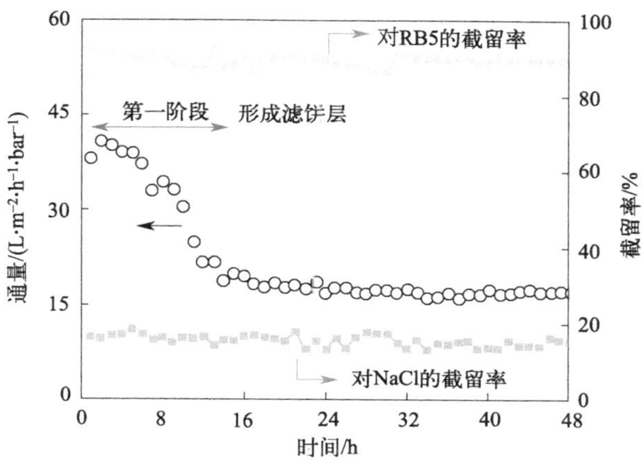

图 4-15　改性 C_5T_1 纳滤膜分离 RB5 与 NaCl 混合溶液的长期稳定性测试

4.4 本章小结

本章使用了一种低成本的绿色聚电解质类表面活性剂来调节超亲水性的 $CQDs-NH_2$ 作为水相单体在常温下进行界面聚合反应。大幅缩短了反应时间，提高了反应效率。在水相浓度为 2% 时，水相浸泡 5 min，界面聚合反应 1 min 即可形成结构完整的选择层，大幅提升了 $CQDs-NH_2$ 纳滤膜的制膜效率。探究了不同界面聚合条件对所制备的纳滤膜结构和性能的影响，结论如下。

① 通过调整水相浓度、浸泡时间以及界面聚合反应时间证明 $CQDs-NH_2$ 在基膜表面沉积速度过慢以及结构的氨基反应活性低共同导致了 $CQDs-NH_2$ 成膜性能差。聚电解质的引入可以加速其在基膜表面的沉积，同时可以提升氨基的反应活性，最终介导 $CQDs-NH_2$ 纳滤膜可以在常温下实现快速制备。

② 通过膜表面粗糙度先升高后降低、膜表面的接触角先下降后升高以及膜表面交联度先下降后升高等一系列结构和性能发生的变化，提出聚电解质的引入可以形成双电层介导 $CQDs-NH_2$ 在有机膜表面的吸附沉积，并探究了 $CQDs-NH_2$ 在有机膜表面的吸附沉积速率与分布。同时聚电解质的表面活性剂功能可以调控水油两相界面处的相容性，提升了 $CQDs-NH_2$ 与酰氯的反应速率，在常温下一步界面聚合快速形成氨基碳量子点纳滤膜。

③ 通过控制反应条件制备的氨基碳量子点纳滤膜的渗透性高达 $55\ L \cdot m^{-2} \cdot h^{-1} \cdot bar^{-1}$，同时对染料表现出高选择性，对无机盐表现出高渗透性，可以有效实现混合溶液的分离，长期运行后性能维持在较高水平，在印染工业表现出巨大的应用潜力。实验证明，染料与盐之间的相互作用力能够强烈影响纳滤膜的选择性。针对不同的染料与盐的分离体系，要具体问题具体分析，不能仅仅考虑单一体系的分离性能。可以通过调节两相浓度来获得最佳的分离效率。

第 5 章

碳基纳米材料功能层构建光催化自清洁纳滤膜

5.1 概述

改性纳滤膜长期运行过程中，膜的渗透性逐渐下降。这是由于有机纳滤膜的有机结构与有机污染物之间具有亲和性，污染物很容易吸附在膜表面堵塞膜孔形成滤饼层，使膜性能下降。这种污染很难通过物理手段去除，一般只能通过化学清洗等手段恢复。目前的研究主要集中在提升膜的亲水性、降低膜表面的粗糙度、优化膜表面的电性以及利用功能纳米材料等进行改性来提升纳滤膜的抗污染性能。但是这种手段只能缓解，不能从根本上消除膜污染。有些研究利用光催化剂沉积在膜表面或者加在选择层制备自清洁纳滤膜。但是，材料的高比表面积可能会加重污染物的吸附，大的纳米尺寸也可能会增加膜表面粗糙度，甚至带来缺陷。

碳基纳米材料，尤其是富含羧基的碳量子点（CQDs），具备优异的亲水性和高比表面积，还具有很好的光催化活性，能够通过光照激发产生高能电子和空穴，从而分解污染物，具备自清洁功能。这使得羧基碳量子点在光催化自清洁纳滤膜的构建中具有独特优势。将羧基碳量子点引入纳滤膜的功能层，不仅可以提升膜的分离性能，还能显著提高膜的抗污染性，解决传统纳滤膜在长时间使用中容易发生污染和性能下降的问题。

针对上述工作中纳滤膜在长期运行中面临的膜性能衰减的问题，提出将多缺陷、具有光催化活性的羧基碳量子点（CQDs）设计为中间层，实现快速传输通道与可见光响应的一体化设计。活化碳量子点的羧基使其与 PIP 的氨基反应，在提高 CQDs 稳定性的同时对其进行修饰，进一步提高光催化活性。利用多巴胺在碱性条件下自聚，使其作为 CQDs 活化剂的吸收器，缓解 CQDs 的活化剂带来的副作用。最终通过多巴胺和碳量子点的协同调控制备新型自清洁纳滤膜，有望为开发新型光催化自清洁纳滤膜提供理论依据和技术支持。

5.2 制备与测试方法

5.2.1 碳量子点和多巴胺协同调控制备自清洁纳滤膜

5.2.1.1 聚醚砜基膜的制备

内容详见第 3 章 3.2.1 节。

5.2.1.2 羧基碳量子点的合成

通过简单、高效的水热合成法合成碳量子点溶液。使用 PEG-400 作为结构导向剂，将葡萄糖、水、PEG-400 的混合物以一定的比例在室温下充分搅拌，混合均匀。将混合物转移到水热合成反应釜中，180 ℃反应 20 h，得到富含羧基的碳量子点溶液（图 5-1）。

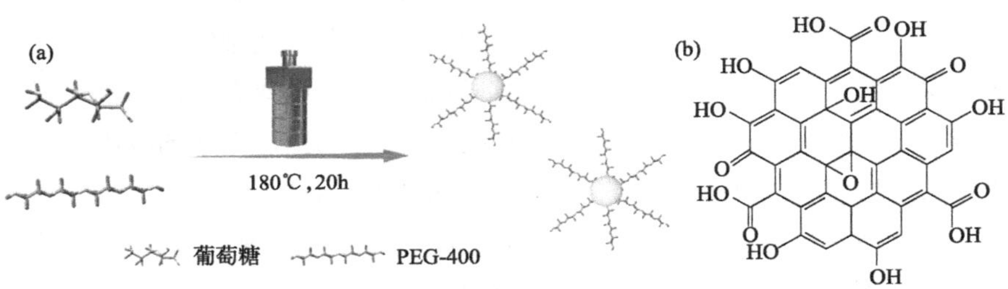

图 5-1 水热法合成碳量子点的流程图（a）及碳量子点的结构式（b）

5.2.1.3 多巴胺和碳量子点协同调控制备聚酰胺复合纳滤膜

为了通过多巴胺和碳量子点的协同调控实现最佳的膜性能，在使用碳量子点对纳滤膜改性的过程中制备了三种复合纳滤膜。

（1）聚酰胺复合纳滤膜的制备

膜制备的详细内容见第 3 章 3.2.1.3 节，该膜命名为 TFC。

（2）碳量子点改性的聚酰胺复合纳滤膜的制备

为了提高 CQDs 作为中间层的稳定性和光催化活性，将 CQDs 加入 CMPI 的 NaOH 水溶液中以活化 CQDs 表面的羧基，与随后的 PIP 的氨基进行反应。将 CQDs 溶液倒入反应器中，反应 10 min，然后将溶液倒掉，用擦拭纸擦去膜表面的水分后，重复 TFC 的制备过程，与 PIP 反应 2 min，与 TMC 反应 1 min，得到碳量子点改性的聚酰胺复合纳滤膜，命名为 CQDs-TFC。将膜置于纯水中保存。

（3）碳量子点和多巴胺协同调控制备自清洁纳滤膜

为了防止碳量子点从 PES 基膜中泄漏，同时，碳量子点溶液中残余的氢氧化钠不利于界面聚合反应。利用多巴胺在碱性条件下自聚生成聚多巴胺（PDA）将其作为氢氧化钠的吸收剂，以消除氢氧化钠带来的不利影响。首先将多巴胺溶液在 PES 基膜表面浸泡 20 min，用纯水洗去表面未充分黏附的 PDA。然后重复 CQDs-TFC 的制备过程，在 CQDs 溶液中反应 10 min，PIP 水溶液中反应 2 min，与 TMC 反应 1 min 后得到多巴胺和碳量子点协同调控制备的聚酰胺复合纳滤膜，命名为 PDA-CQDs-TFC（图 5-2）。将所制得的膜置于水中保存。

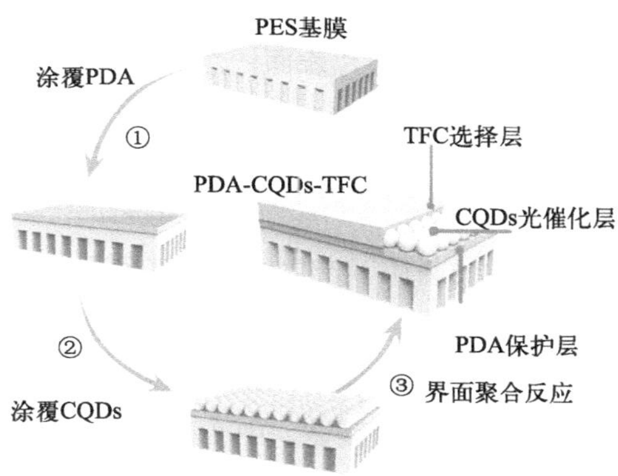

图 5-2　碳量子点作为中间层制备聚酰胺复合纳滤膜的流程图

5.2.2 纳滤膜的表征方法

通过 SEM、ATR-FTIR、XPS、Zeta 电位、接触角测量仪等对膜的表面结构及性质进行分析，通过总有机碳（TOC）测试仪分析膜的孔径，通过电子自旋共振（ESR）光谱来检测光催化过程中产生的自由基。

5.2.2.1 X 射线光电子能谱

通过 X 射线光电子能谱对不同反应阶段的膜表面的化学元素含量变化进行分析。对 C、O、N、S 等 4 种元素的含量进行分析。为了减小误差，每个样测 3 次。对元素进行分析以确定膜表面的基团。根据测定的 N、O 元素的含量，可以进一步得到界面聚合反应生成的聚酰胺的交联度（D）。

$$D=\frac{m}{m+n}\times 100\% \tag{5-1}$$

式中，m 和 n 分别为交联和线性的聚酰胺比例。

根据 N 与 O 元素含量的比值 $\left(\frac{N}{O}\right)$，可以求出 m 和 n 的数值，进而确定界面聚合反应的交联度。

$$\frac{N}{O}=\frac{3m+2n}{3m+4n} \tag{5-2}$$

5.2.2.2 动态接触角

通过动态接触角测试来评价膜表面的润湿性。对膜表面液滴的共轭直径进行分析以观察水分子在膜表面的渗透速率。将接触角与液滴直径结合起来共同评价水分子在近膜表面的传输行为。所有的膜在测试之前，裁剪成 1 cm×2 cm 的长方形贴在载玻片表面，然后置于真空干燥箱中 25 ℃干燥过夜，以充分除去膜内部的水分带来的影响。

5.2.2.3 电子自旋共振光谱仪

光催化剂在外界光源的刺激下产生的自由基寿命很短。电子自旋共振可以快速有效地捕获自由基，对进一步认识光催化效果有很好的帮助。检测时使用 5,5- 二甲基 -1- 吡咯啉 -*N*- 氧化物（DMPO）作为自由基捕获剂，300 W 的氙灯光照 10 min 后开始测试。中心磁场 3500.00 G；扫场宽度为 150.00 G；扫场时间为 30.00 s；微波功率为 3.99 mW；调制幅度为 1.000 G；转换时间为 40.0 ms。

5.2.3　纳滤膜的分离性能测试

纳滤膜的对单一盐溶液或者染料溶液的纳滤性能测试方法详见 2.2 节。

本节将甘油、葡萄糖、蔗糖、棉子糖等中性有机物配成 200 mg · kg^{-1} 的水溶液来测定膜的截留分子量。通过 TOC 测试渗透液和原液的浓度，代入公式（见 2.4.1 节）计算膜的孔径分布。

实验中，使用 50 mL 的比色管配成 0、200 mg · kg^{-1}、400 mg · kg^{-1}、600 mg · kg^{-1}、800 mg · kg^{-1}、1000 mg · kg^{-1} 的硫酸镁标准溶液，用超纯水定容到刻度线。然后用电导率仪测试各自对应的电导率，进而得到盐溶液的浓度与电导率的关系方程。可以发现，在一定范围内，电导率与盐溶液的浓度是几乎成正比例的关系。因此，直接用电导率值来代替浓度计算截留率（图 5-3）。

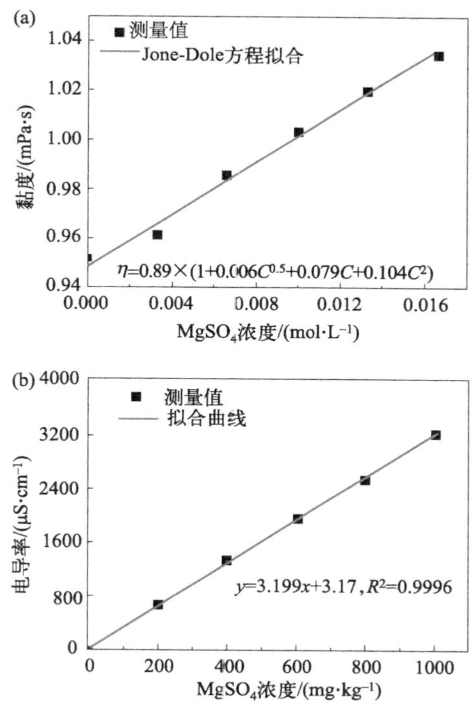

图 5-3　硫酸镁溶液浓度与黏度的关系式（a）及硫酸镁浓度与溶液电导率之间的标准曲线（b）

5.2.4 改性膜的光催化性能评价

基于纳滤膜特殊的分离机理，除了孔径筛分之外，还有道南效应。因此，采用分子量接近、具有相反电性的亚甲基蓝和金橙Ⅱ作为研究对象，将膜分别置于 25 mL 的 25 mg · kg^{-1} 的溶液中，在氙灯下光照 1 h 后评价膜的光催化性能。使用 50 mg · kg^{-1} 的亚甲基蓝水溶液作为进料液，在死端过滤装置中测试 3 h。然后将膜取出放在装有水的烧杯中，使膜的正面朝上。将膜置于 300 W 的氙灯下光照 0.5 h 后取出，再次进行分离性能测试以评价光照前后膜分离性能的稳定性。

5.3 结果与讨论

5.3.1 碳量子点的结构表征与分析

首先通过红外光谱对合成的碳量子点的化学结构进行了分析（图 5-4）。在 1084 cm^{-1} 和 944 cm^{-1} 处的峰分别归因于非对称的 C—O 的伸展变形振动和环醚的骨架振动。1249 cm^{-1} 和 1348 cm^{-1} 分别对应于苯酚上的酚羟基的变形振动和C—O的伸展变形振动。1651 cm^{-1}处属于碳碳双键的伸缩变形振动。另外，归属于 PEG-400 分子链中的特征峰：833 cm^{-1} 处的 C—H 的平面摇摆振动，1288 cm^{-1} 处与醇羟基相邻的 C—H 变形振动，1455 cm^{-1} 处 PEG 链中的—O—CH_2—中—CH_2—的对称变形振动。这些特征峰有力地证明了 PEG 作为结构导向剂成功合成了碳量子点。

通过透射电子显微镜对合成的碳量子点的微观结构进行了分析。从图 5-5 中可以看出，碳量子点分布均匀，粒径尺寸大概在 4 ～ 6 nm，晶格条纹间距为 0.368 nm，与参考文献保持一致，证明了碳量子点的成功合成。在此反应中，PEG-400 作为结构导向剂，其分子链会将前体碳源限制在一个有限的空间内，抑制其生长，从而形成小尺寸的碳量子点。其次，PEG 的分子链会将相邻的碳量子点隔开，进一步保证了 CQDs 的稳定性和分散性。在这两方面的主导作用下，最终形成了分布均匀、尺寸在 4 ～ 6 nm 的 CQDs 溶液。其溶液在室温放置一个月以后仍然保持稳定。超小的分布尺寸和良好的水溶性，都有利于碳量子点作为中间层构筑无缺陷的选择层。此外，碳量子点在可见范围内有很强的吸收，有利于提高碳量子点在可见光范围内的光响应活性。

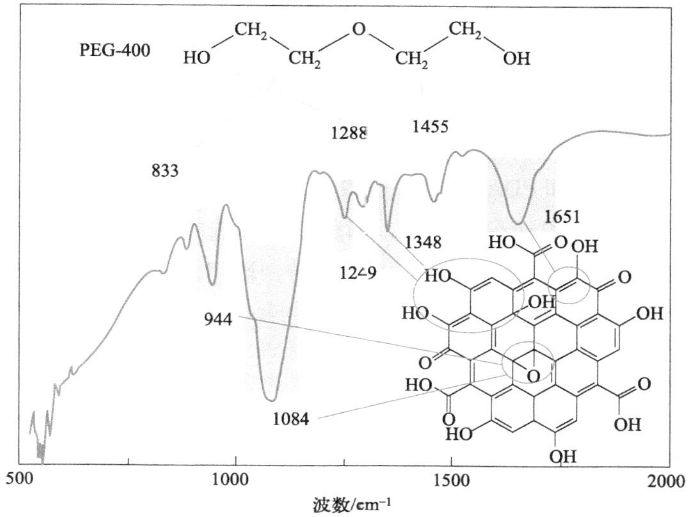

图 5-4　碳量子溶液的红外光谱分析图

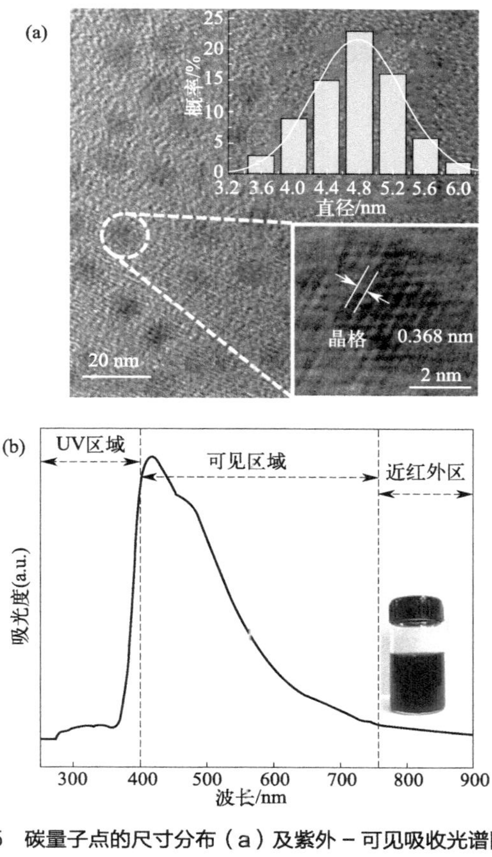

图 5-5　碳量子点的尺寸分布（a）及紫外－可见吸收光谱图（b）

5.3.2 新型自清洁纳滤膜的微观结构分析

纳米材料作为中间层，在超滤膜表面的分布均匀性对于获得无缺陷的选择层至关重要。通过 SEM 对 CQDs 与 PDA 涂覆后的 PES 基膜表面进行分析，发现 CQDs 和 PDA 在 PES 基膜表面分布均匀（图 5-6）。两者的均匀分布有利于后续的界面聚合反应，形成致密的选择层。同时，将涂覆前后的膜放在超声波清洗器中，超声 2.5 h 以后，涂层保持稳定（图 5-7）。这进一步有利于膜在长期运行时保持良好的稳定性。

图 5-6 不同膜上表面 SEM 图

（a）PES 基膜；（b）涂覆 CQDs；（c）涂覆 PDA

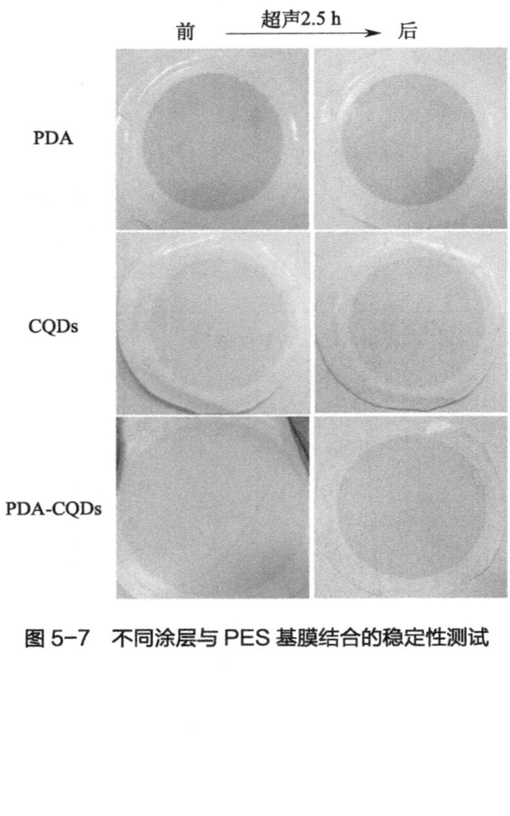

图 5-7 不同涂层与 PES 基膜结合的稳定性测试

使用 ATR-FTIR 对所制备的 TFC、CQDs-TFC、PDA-CQDs-TFC 三种聚酰胺复合纳滤膜的表面结构进行了分析。与原始的 PES 基膜相比，1620 cm^{-1} 处出现的峰归属于酰胺键中羰基的伸缩变形振动，直接证明了具有不同涂层的三种膜均成功形成了聚酰胺选择层（图 5-8）。

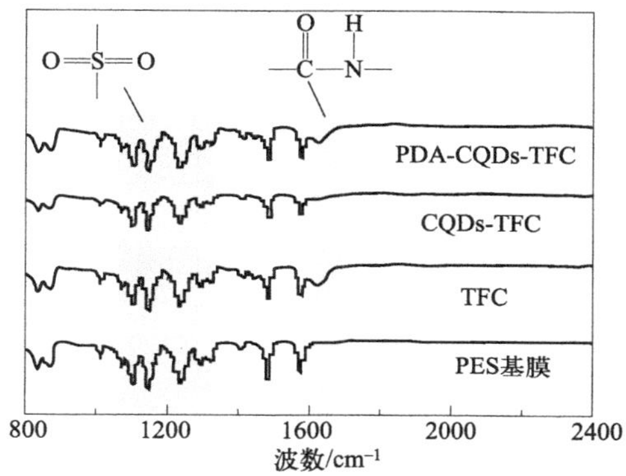

图 5-8　界面聚合反应前后膜表面的红外光谱分析

除了通过红外光谱直接鉴定特征化学键的生成以外，膜表面的微观结构也是最直接的判断方法。因此，通过 SEM 对膜的微观结构进行了分析（图 5-9）。未改性聚酰胺复合膜表面呈现出传统的结节状，表现出相对较低的纯水通量（6.4 L·m^{-2}·h^{-1}·bar^{-1}）。当进料液换成 1000 mg·kg^{-1} 的 $MgSO_4$ 溶液时，通量与纯水相比衰减了 15.6%，对 $MgSO_4$ 的截留率高达 98%。通量衰减可能是膜表面和膜孔内部盐浓度的升高造成的。当以碳量子点作为中间层时，CQDs-TFC 呈现出了结节状和折叠的网状两种结构。同时，CQDs-TFC 的纯水通量得到显著提升，从 6.4 L·m^{-2}·h^{-1}·bar^{-1} 提高到 16.5 L·m^{-2}·h^{-1}·bar^{-1}。当进料液换成 1000 mg·kg^{-1} 的 $MgSO_4$ 溶液时，通量降低为 9.5 L·m^{-2}·h^{-1}·bar^{-1}，与纯水相比衰减了 42.4%。当同时涂覆多巴胺和碳量子点时，即 PDA-CQDs-TFC，表面又重新变成结节状。并且结节状的表面变得更加平滑，对应的选择层的厚度也从初始的 90 nm 变为 30 nm，纯水通量变成 14.6 L·m^{-2}·h^{-1}·bar^{-1}。当进料液换成硫酸镁溶液时，通量为 13.2 L·m^{-2}·h^{-1}·bar^{-1}，并没有表现出明显的通量衰减。

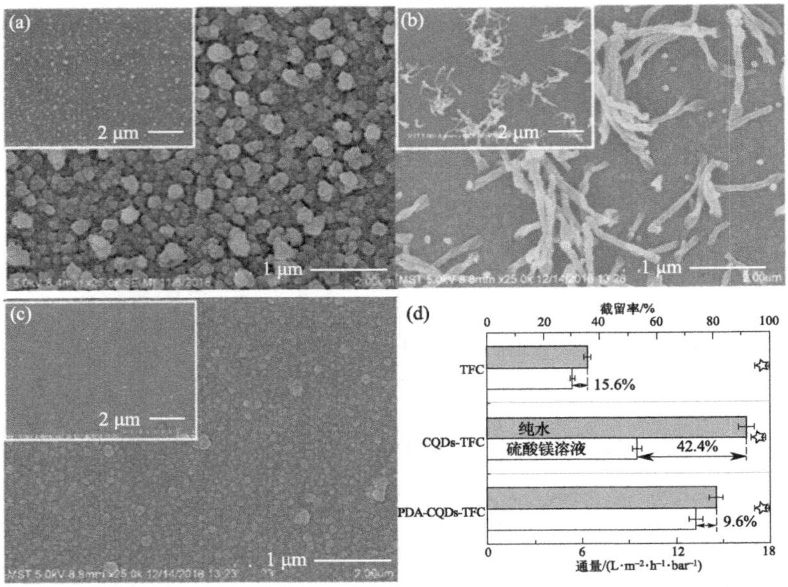

图 5-9　不同复合纳滤膜的表面形貌

（a）TFC；（b）CQDs-TFC；（c）PDA-CQDs-TFC；（d）对应膜的性能对比图

基于界面聚合反应是一个热力学不平衡的过程，对 TFC、CQDs-TFC 和 PDA-CQDs-TFC 三种膜的结构进行了分析。这些结构的变化可能有以下几点原因。

① 在传统的界面聚合过程中，PIP 和 TMC 反应会生成 HCl（图 5-10）。在碳量子点活化的过程中加入了 NaOH。涂覆了 CQDs 之后，有一部分溶液储存在 PES 基膜孔内。残余的 NaOH 可以作为界面聚合过程中 PIP 和 TMC 反应生成的 HCl 的吸收剂，加速界面聚合反应。同时，NaOH 和 HCl 反应放出的热量也会有助于纳滤膜形成褶皱结构。随着反应的进行，NaOH 被消耗完全。由于 CQDs 具有很好的亲水性，同时表面大量的羧基使 CQDs 带负电。因此，CQDs 与 PIP 之间有很好的亲和性和静电吸引力。这两种作用力会降低 PIP 向水油界面处的扩散速率，使反应更加平缓，倾向于形成更加平滑的结节状结构。最终，CQDs-TFC 呈现出传统的结节状和错杂的网状结构。

② 当预涂多巴胺之后，未自聚完全的多巴胺在 NaOH 的存在下可以继续发生聚合反应，消耗掉残余的 NaOH 溶液。界面聚合反应过程变缓，最

终只呈现出平滑的结节状结构。

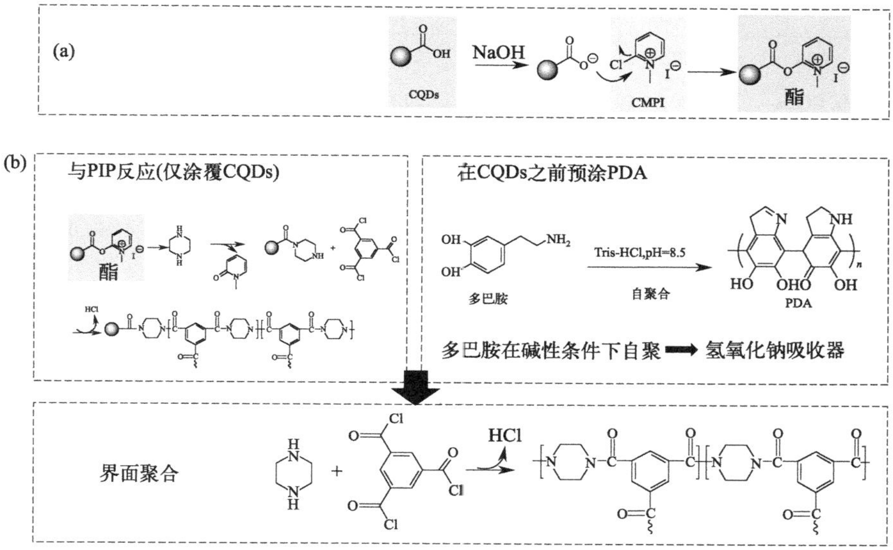

图 5-10　碳量子点活化过程（a）以及活化后 CQDs-TFC 和 PDA-CQDs-TFC 的反应机理（b）

膜表面形貌的变化对膜表面元素分布有很大的影响。与 PES 基膜相比，仅涂覆碳量子点的膜表面碳元素含量明显上升，仅涂覆 PDA 的膜表面的氮元素含量明显升高（表 5-1）。在界面聚合后，TFC 的交联度为 61%，证明通过界面聚合法成功制备了聚酰胺纳滤膜。而对于 CQDs-TFC，其选择层的交联度明显下降，PDA-CQDs-TFC 表面的交联度又开始上升，这可能有以下几点原因。

① 以 CQDs 作为中间层时，初始阶段残余的 NaOH 与 PIP 和 TMC 所产生的 HCl 反应放出的热量加速了 TMC 的水解。同时，CQDs 本身的亲水性、荷负电性与 PIP 之间有强吸引力，降低了 PIP 从水相中扩散到界面处与 TMC 反应，也进一步加速了 TMC 水解，因此交联度降低。

② 预涂 PDA 作为 NaOH 的吸收剂后，中和反应放热得到了有效缓解。因此，PDA-CQDs-TFC 的交联度与 CQDs-TFC 相比有了明显的提升。尽管如此，PDA 和 CQDs 的亲水性仍然会通过抑制 PIP 的扩散来降低界面聚合的反应速率，造成 TMC 的水解。因此，交联度与 TFC 相比偏低。

表 5-1　不同膜表面的元素组成分析

纳滤膜	表面元素组成 /%				
	C 1s	N 1s	O 1s	N/O	交联度
PES	71.17±0.25	2.32±0.31	21.46±0.31	—	—
仅 CQDs	72.80±0.16	2.18±0.31	20.13±0.13	—	—
仅 PDA	72.61±0.16	2.85±0.34	19.67±0.13	—	—
TFC	73.87±0.27	11.27±0.14	14.58±0.17	0.77±0.019	61%±0.11%
CQDs-TFC	74.74±0.28	10.16±0.14	14.61±0.12	0.70±0.015	47%±0.82%
PDA-CQDs-TFC	75.17±0.30	10.18±0.14	13.72±0.15	0.75±0.018	57%±0.42%

鉴于改性后的三种膜的表面形貌、化学组成发生的明显的进化，通过 XRD 对三种膜的内部结构进行进一步分析（图 5-11）。

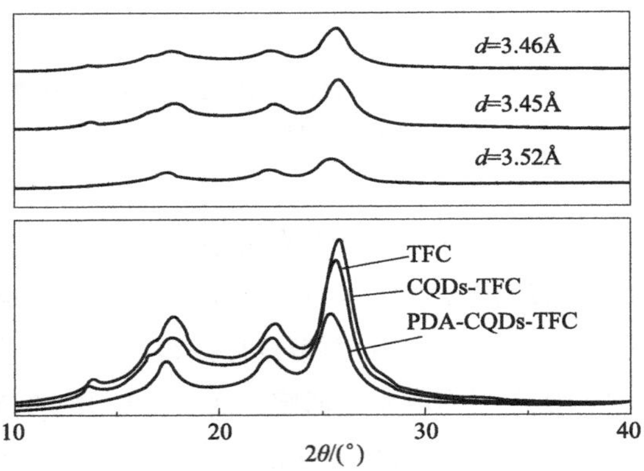

图 5-11　不同膜结构内部的结晶度分析

从图 5-11 中可以看出，PDA-CQDs-TFC 的层间距 d 为 3.52 Å，与 TFC 和 CQDs-TFC 两种膜相比有了明显的提升。较大的层间距有利于水分子在膜内的快速渗透。此外，PDA-CQDs-TFC 的结晶度大幅下降，说明膜结构内部主要为非定形结构。膜材料本身有定形和无定形两种结构。水分子进入膜孔内部，不能从结晶度很高的结构内部穿过，只能沿晶体外侧滑过。而非定形的聚合物链互相缠绕，中间有更多的自由孔允许水分子从无定形结构内部穿过，进一步加快了分子传输，从而有利于膜性能提升。

5.3.3　新型复合膜的表面性质变化

亲水性的 CQDs 和 PDA 的涂覆会降低水相的 PIP 扩散至水油界面处与 TMC 反应。因此，首先测量了具有不同涂层的膜表面的接触角（图 5-12）。与 PES 基膜相比，仅涂覆 PDA、仅涂覆 CQDs 的膜表面亲水性均得到明显增强。但对于 PDA 和 CQDs 共同涂覆的膜而言，并没有表现出 PDA 和 CQDs 两者亲水性叠加的效果，仅仅表现出与上层 CQDs 类似的亲水性。

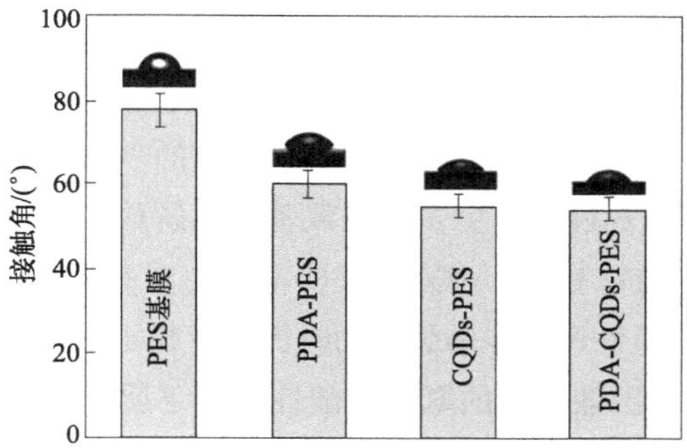

图 5-12　具有不同涂层的基膜表面接触角变化

随后，测试界面聚合之后的三种膜 TFC、CQDs-TFC 以及 PDA-CQDs-TFC 的表面接触角。然而，三种膜表面的接触角并没有明显的区别。因此，通过接触角与下降液滴的共轭直径（drop-CD）来进一步观察膜表面的浸润现象（图 5-13）。共轭直径代表液滴在膜表面的铺展直径，其时间代表着液滴从铺展到自然渗透结束所需要的时间。尽管 CQDs-TFC 的 drop-CD 稍大于 TFC 的值，但是对应的时间明显减少，这意味着由于中间层 CQDs 的存在，液滴在膜表面能更快地铺展开来。这可能是由于涂覆了 CQDs 的 PES 基膜变得亲水，有利于水的快速传递。对于 PDA-CQDs-TFC 而言，其 drop-CD 小于 CQDs-TFC，这可能是由于 PDA 内在结构存在的苯环有一定的疏水性。这种情况下，促使该膜通量上升的原因可能是由于其超薄的选择层只有 30 nm 左右，并且大量的非定形结构降低了其内在传输阻力。

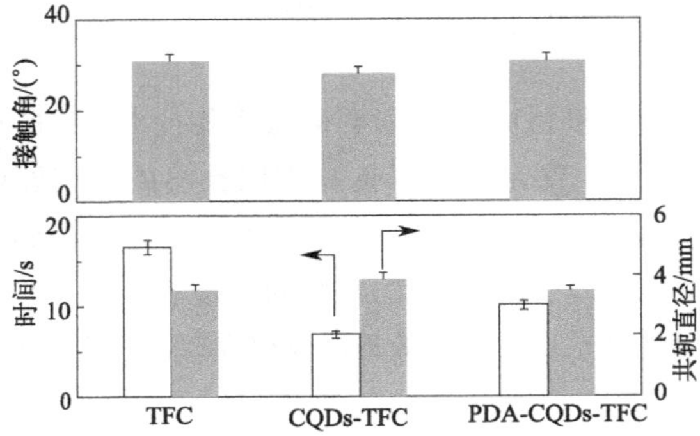

图 5-13 不同聚酰胺膜表面的润湿性分析

由于纳滤膜的表面荷电性对其分离性能有直接的影响，使用流动电位分析仪在 pH=3 ～ 10 的范围内对几种聚酰胺膜的表面性质进行了分析（图 5-14）。由于交联度的降低，更多的酰氯基团水解成了羧基，因此，与未经任何改性的传统 TFC 相比，CQDs-TFC 表面的电负性增强。而对于 PDA-CQDs-TFC，其电负性进一步增强，同时等电点往正向移动，正电性也有所增强。这可能是多巴胺表面的氨基在酸性条件下质子化，而羟基在碱性条件下去质子化造成的。

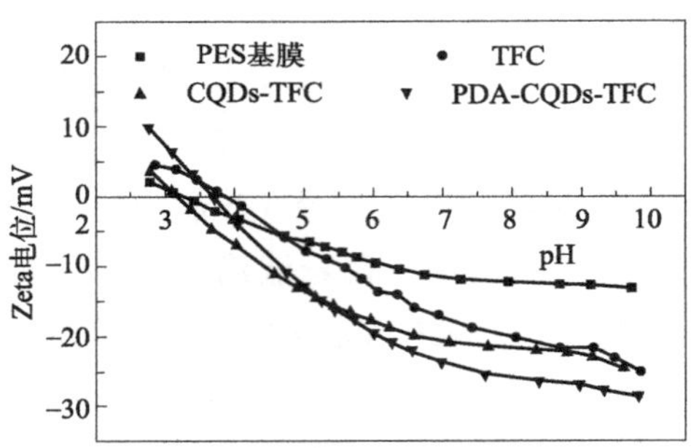

图 5-14 不同聚酰胺膜表面的流动电位分析

5.3.4 CQDs 和 PDA 协同调控纳滤膜的性能分析

首先探究了仅以 CQDs 作为中间层时，不同 CQDs 的浓度对 CQDs-TFC 的性能影响。如图 5-15 所示，随着 CQDs 浓度的升高，纯水的通量显著上升，提高近两倍。当进料液从纯水换成 1000 mg · kg^{-1} 的硫酸镁溶液，渗透液的通量逐渐上升，但上升程度与纯水通量相比有了十分明显的衰减。当 CQDs 的浓度为 2.0% 时，通量上升不再明显，并且对硫酸镁的截留率开始下降。鉴于此，将 CQDs 的加入量确定为 2.0%。

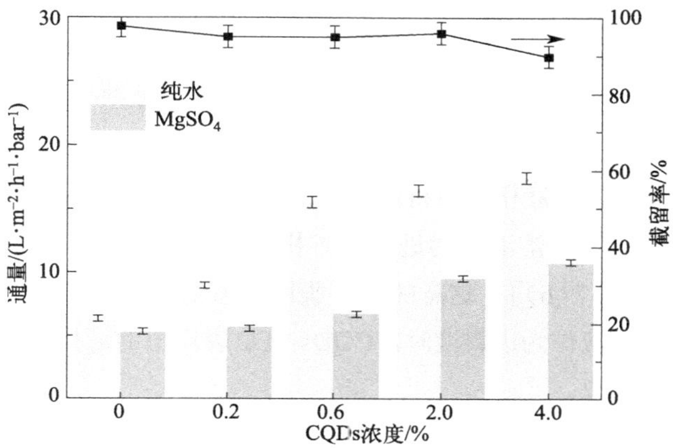

图 5-15　不同碳量子点的浓度对 CQDs-TFC 性能的影响

结合 CQDs 以及 PDA 的加入给膜表面微观结构带来的显著变化，将 CQDs 浓度控制在 2.0%，探究 PDA 的浓度对改性 PDA-CQDs-TFC 性能的影响。如图 5-16 所示，随着 PDA 浓度的增大，以硫酸镁为进料液时的渗透液通量与纯水通量相比衰减程度逐渐减弱。当 PDA 的浓度为 0.2% 时，纯水通量和以硫酸镁为进料液时渗透液的通量相比几乎没有明显的衰减，并且与传统的 TFC 相比，膜性能有了显著的提升。这有力地证明了将 PDA 作为 NaOH 的吸收剂与 CQDs 协同调控制备高性能纳滤膜的有效性。

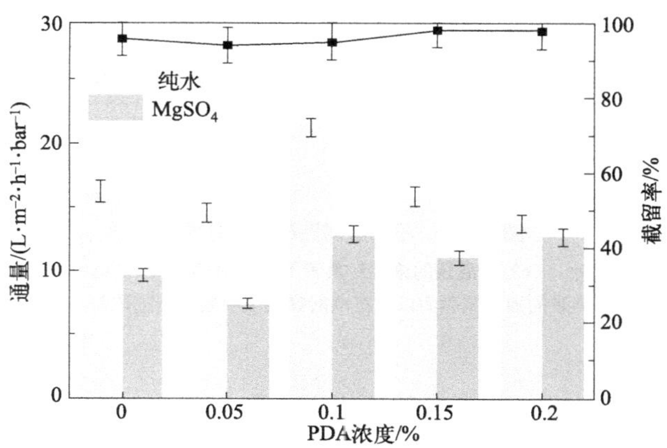

图 5-16　PDA 的浓度对 PDA-CQDs-TFC 性能的影响

测试了 TFC、CQDs-TFC 与 PDA-CQDs-TFC 三种膜对具有不同性质以及不同水合半径的 $MgSO_4$、Na_2SO_4、$MgCl_2$、NaCl 四种盐的纳滤性能（图 5-17）。可以看出，三种膜对 $MgSO_4$、Na_2SO_4、$MgCl_2$ 三种不同的二价盐溶液都有很好的分离效果，这可能是由于三种膜的孔径较小。当进料液换成一价盐 NaCl 溶液时，与其他二价盐溶液作为进料液时相比，TFC 和 PDA-CQDs-TFC 两种膜都表现出稳定的通量，没有明显差异。而对于 CQDs-TFC，当以 NaCl 作为进料液的时候，渗透液的通量上升了 69.9%［图 5-17（a）］。这说明以盐溶液作为进料液时，CQDs-TFC 所表现出的性能衰减是可逆的。尤其与二价盐溶液作为进料液时相比，CQDs-TFC 对 NaCl 的截留率大幅下降［图 5-17（b）］，这意味着近膜面上方的盐溶液浓度大幅降低。因此，以二价盐溶液作为进料液时，CQDs-TFC 表现出的通量衰减可能属于可逆的浓差极化现象。

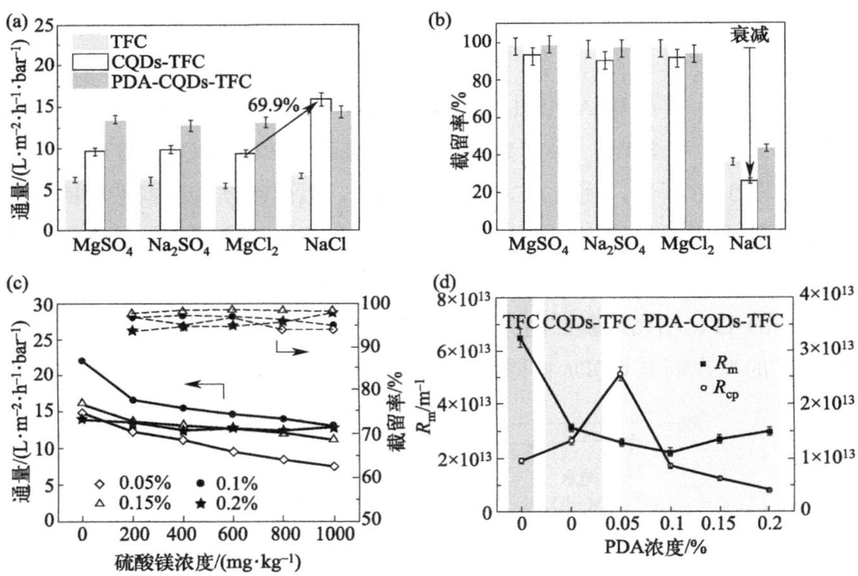

图 5-17 不同膜对四种盐的分离性能

（a）通量；（b）截留率；（c）硫酸镁的浓度对具有不同 PDA 浓度的 PDA-CQDs-TFC 性能影响；（d）不同膜的固有膜阻力以及在硫酸镁溶液中表现出的浓差极化阻力

加入 PDA 之后，可逆的浓差极化现象大幅减弱。然而，并没有合适的手段去验证 PDA 和 CQDs 两者的相互作用。因此，通过调控多巴胺的浓度来进行初步的分析。由图 5-17（c）可知，以 $MgSO_4$ 为进料液，随着 $MgSO_4$ 浓度的增大，渗透液的通量逐渐降低。当增大 PDA 的浓度时，随 $MgSO_4$ 浓度的增大，渗透液通量下降速率趋于平缓。这有力地证明了通过调节 PDA 的浓度来实现和 CQDs 的协同调控以达到最优性能的可行性。基于进料液浓度、通量等一系列变化，通过理论计算发现［图 5-17（d）］，随着 PDA 浓度的增大，浓差极化阻力减小，通量衰减变弱。

对于纳滤膜，能够引起浓差极化的，除了近膜表面的离子浓度，还有聚集在膜孔内部的离子，也会十分严重地影响膜的性能。因此，使用丙三醇、葡萄糖、蔗糖以及棉子糖四种中性有机物测试了不同膜的孔径分布。由图 5-18 可知，CQDs-TFC 的膜孔径分布明显增大，而 PDA-CQDs-TFC 的膜孔径更小。这与以 NaCl 作为进料液时，PDA-CQDs-TFC 的截留率更高保持一致。由于大的孔径更有利于离子在孔内聚集，因此 CQDs-TFC 表现出的浓差极化现象也更明显。

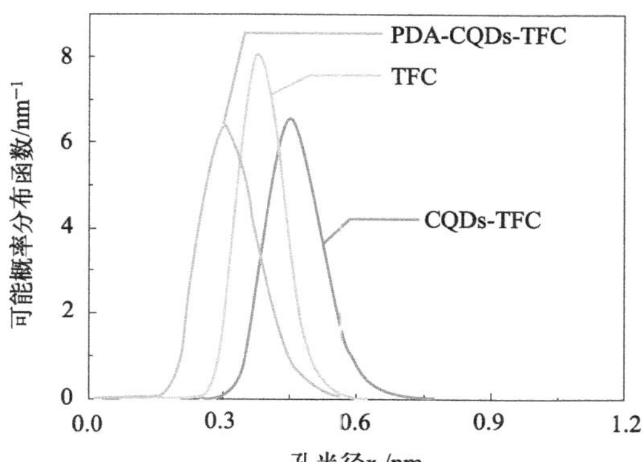

图 5-18　不同膜的孔径分布曲线

5.3.5　纳滤膜结构与性能的关联模型

基于对 TFC、CQDs-TFC 以及 PDA-CQDs-TFC 三种膜的一系列分析，包括膜表面的微观结构、内部通道、膜表面性质以及不同结构所表现出的差异性的分离性能，提出了膜表面结构对浓差极化影响的可能性关系（图 5-19）。

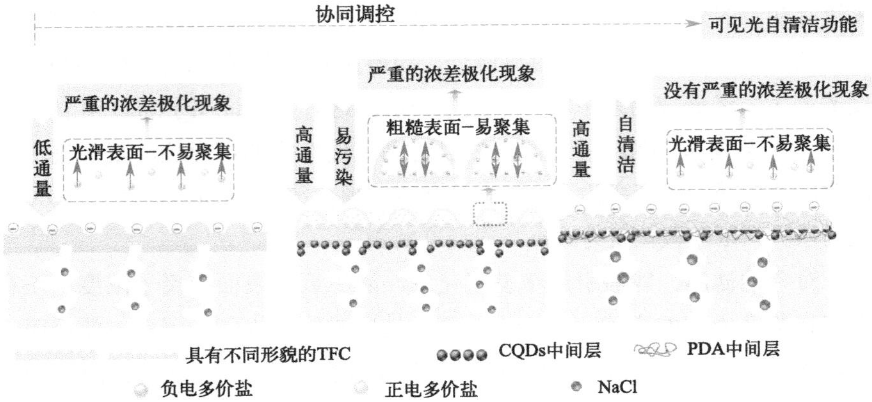

图 5-19　不同纳滤膜表面结构的浓差极化现象示意图

在盐溶液中，同时存在阴离子和阳离子。TFC、CQDs-TFC 和 PDA-CQDs-TFC 三种膜表面均带负电。根据纳滤膜的道南效应，对于二价阴离子的盐的排斥主要是通过阴离子与荷负电的膜表面的共离子电荷排斥而实现的。由于要维持电荷平衡，也会同时对反离子进行排斥。对于三种膜，最大的区别就是膜表面形貌的差异。当膜表面比较光滑时，膜表面的离子能自由扩散到上方溶液中，而不是聚集在膜表面。当膜表面比较粗糙时，阴离子不能自由地扩散到上方溶液中，会在膜表面聚集，加重浓差极化现象并且降低通量。以一价盐 NaCl 为例，CQDs-TFC 对 NaCl 表现出低的截留率，这就意味着多数的 NaCl 会穿过膜孔进入渗透液，致使更少的离子会在其错综复杂的网状结构内聚集，因此浓差极化现象减弱，渗透液的通量得到恢复。对于 PDA-CQDs-TFC 而言，具有约 30 nm 的超薄选择层和光滑的表面，并且膜孔径变小，因此表现出最佳的缓解浓差极化性能。

5.3.6　新型复合膜的自清洁性能评价

由于纳滤膜表面的荷电性质与进料液溶质的电性之间的相互作用力在很大程度上会影响纳滤膜的分离性能。因此，使用了两种分子量相近、电性相反的亚甲基蓝和金橙Ⅱ来评价膜的光催化性能。

在可见光下光照 1 h 后，两种染料都有不同程度的降解（图 5-20）。证明 CQDs 的引入成功地赋予了膜光催化活性。此外，光照以后，两种染料表现出了不同的降解程度。PDA-CQDs-TFC 对带正电的亚甲基蓝的降解效果要明显好于带负电的染料金橙Ⅱ。这可能与光催化反应顺序有关。在光催化过程中，染料首先吸附在 PDA-CQDs-TFC 的表面。由于电荷效应，正电的亚甲基蓝比负电的金橙Ⅱ更容易吸附到荷负电的膜表面。

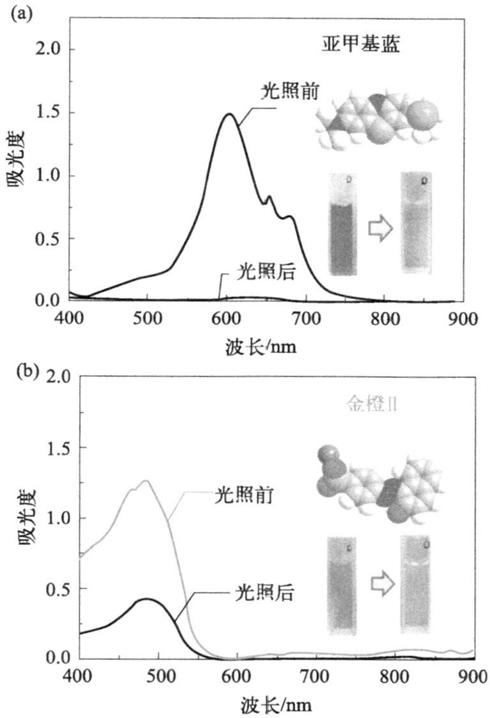

图 5-20　PDA-CQDs-TFC 对不同染料的降解效果

此外，亚甲基蓝是一种光敏染料，可以通过可见光下的染料自敏化机制来达到降解的目的。如图 5-21 所示：亚甲基蓝分子（MB）吸附在膜表面后，在外界光源的刺激下，MB 将处于不稳定的激发态，可以形成具有强氧化性的空穴。电子可以从激发的 MB 分子转移到光催化剂（PDA-CQDs-TFC）后，形成电子和空穴。电子可以和水中的溶解氧发生反应，形成具有强氧化性的超氧自由基。而空穴可以与水中的氢氧根反应生成羟基自由基。最终，在羟基自由基和超氧自由基的存在下，发生一系列的氧化还原反应后，MB 分子被降解。

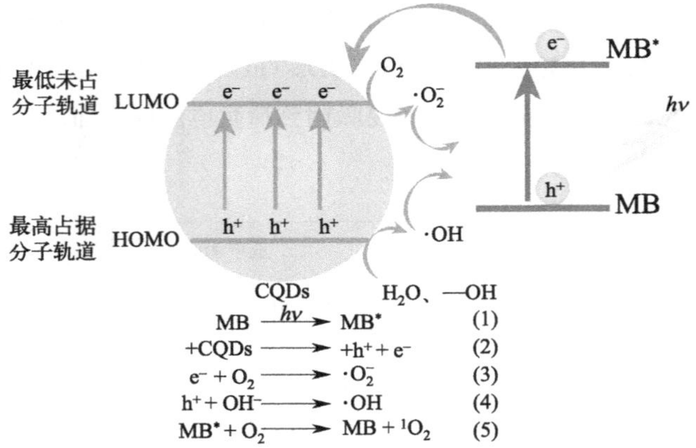

图 5-21 亚甲基蓝在可见光下光催化降解的可能机理

通过 ESR 光谱来进一步检测在光催化过程中羟基与超氧自由基的主导作用。如图 5-22 所示，当以 DMPO 作为自由基的捕获剂时，TFC 也呈现了强度比为 1∶2∶2∶1 的四个特征峰，归属于 DMPO-·OH 的自旋加合物的特征信号。这可能是由于在光照的时候未反应的氨基产生的。而改性以后的 PDA-CQDs-TFC，这四个特征峰的强度明显增强，而超氧自由基的特征峰并没有明显的变化，证明在这个情况下的光催化反应主要是由产生的羟基自由基主导进行。

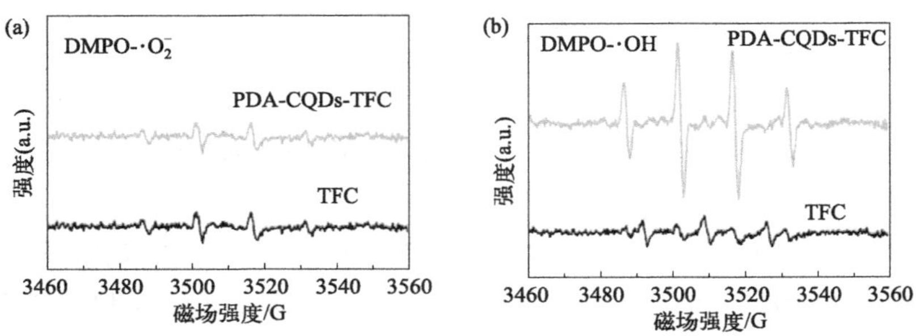

图 5-22 可见光照射 10 min 后 DMPO 捕获 $\cdot O_2^-$（a）和 · OH（b）的 ESR 光谱（1 G=10^{-4} T）

一般情况下，污染物吸附到膜表面以后，在光照的情况下引发光催化反应。与其不同的是，CQDs 作为中间层，使膜具有了光催化性能。在顶层为聚酰胺时，CQDs 仍然保持光催化活性。首先，这个现象可以用原位生长理论来解释。将羧基酰化以后与氨基发生酰胺偶联反应是很常见的改性的方法。CQDs表面活化后的羧基可以进攻PIP的仲氨基。然后，可以与TMC的酰氯基团反应形成CQDs-TFC选择层。在此情况下，材料的带隙会变窄，有利于电子的跃迁和光催化活性的提高。再者，具有光敏性的氨基可以提高吸光能力，激活反应位点，使更多的电子能够注入，抑制电子和空穴的复合。故而，PDA-CQDs-TFC表现出良好的光催化活性。

由于PDA-CQDs-TFC与亚甲基蓝之间的吸引力更容易造成膜的污染。因此，使用50 mg · kg^{-1}的亚甲基蓝溶液作为进料液，进行长期测试来研究膜的自清洁的稳定性（图5-23)。连续测试3 h以后，将膜取出，可以看到TFC和PDA-CQDs-TFC两种膜表面完全被污染。将膜表面朝上放入装有水的烧杯中，使用300 W的氙灯进行光照。连续两次光照以后，TFC的通量从开始的5.13 L · m^{-2} · h^{-1} · bar^{-1}下降为3.32 L · m^{-2} · h^{-1} · bar^{-1}，衰减了35.3%。通量的衰减可能是光照过程中所产生的热量导致浸泡膜的烧杯中水的温度上升至40℃，致使TFC层的膜孔收缩。此外，光照以后，膜表面的亚甲基蓝染料有轻微的降解，这可能是染料自敏化造成的。膜表面依然被大量的MB分子覆盖。

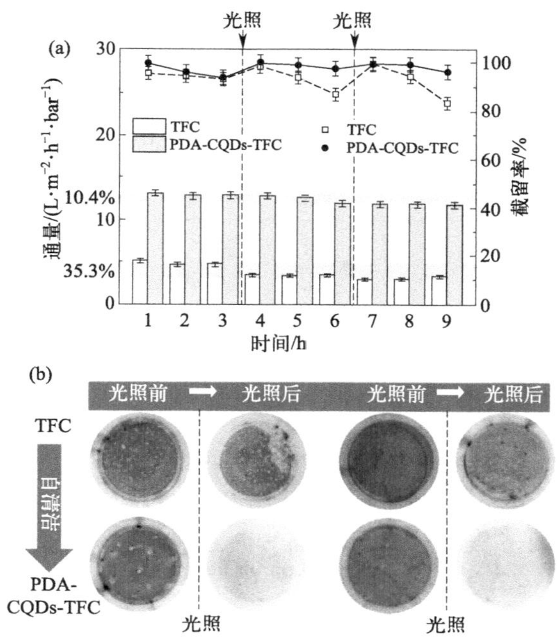

图5-23 不同膜在光照以后的稳定性（a）及不同膜在光照以后的对比图（b）

对于 PDA-CQDs-TFC，光照以后，吸附在膜表面的 MB 分子完全被降解，通过 SEM 进行分析发现，光照以后膜表面的微观形貌保持完整，几乎没有 MB 分子的附着。连续操作 9 h 以后，PDA-CQDs-TFC 的通量仅衰减了 10.4%。这可能是由于亲水的 PDA 和 CQDs 之间协同调控，PDA-CQDs 作为中间层，使膜有一定的“锁水”功能，温度的升高不会引起膜孔的过度收缩。此外，CQDs 赋予膜的良好自清洁性能可以使 PDA-CQDs-TFC 的膜性能保持稳定。使用 SEM 对光照以后的 TFC 和 PDA-CQDs-TFC 的表面进行观察，发现 TFC 的膜孔完全被堵塞，而具有自清洁功能的 PDA-CQDs-TFC 表面依然很好地保持了原有的结节状结构（图 5-24）。

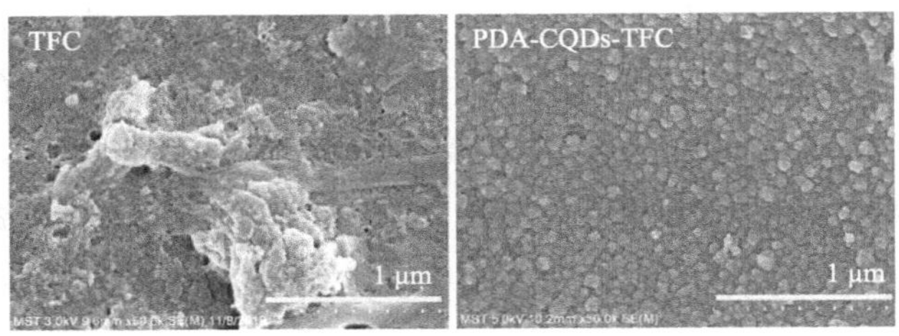

图 5-24　光照两次以后 TFC 和 PDA-CQDs-TFC 表面的 SEM 图

最后，将 PDA-CQDs-TFC 与其他研究 CQDs 或者中间层或者光催化自清洁纳滤膜相关研究的文献对比，PDA-CQDs-TFC 表现出突出的膜性能（图 5-25）。

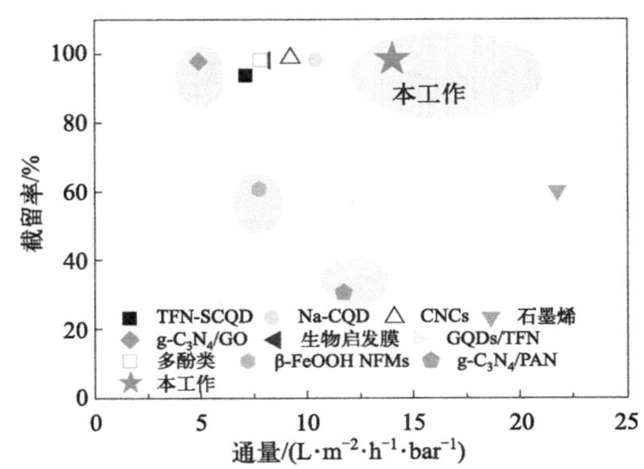

图 5-25　与 CQDs 或者中间层或者自清洁纳滤膜相关的研究对于 Na_2SO_4 的截留性能的文献对比

5.4 本章小结

本章将碳量子点作为中间层构建快速传输通道制备了新型复合纳滤膜。通过使用 CMPI 的 NaOH 溶液作为碳量子点表面羧基的活化剂，从而使羧基碳量子点与 PIP 反应，提高 CQDs 作为中间层时与水相界面的相容性。实验表明，碳量子点作为中间层能够参与界面聚合反应，打破界面聚合反应平衡，提升纳滤膜的性能。

① 通过调控多巴胺和碳量子点的组成，制备的 PDA-CQDs-TFC 具有薄而光滑的选择层结构，孔径变小，分布集中，在纳滤膜渗透性提升的同时（$14.6\ L\cdot m^{-2}\cdot h^{-1}\cdot bar^{-1}$），表现出优异的选择性（二价盐截留率 >95%），具有一定的缓解浓差极化现象的能力。

② 具有光催化活性的 CQDs 被设计为中间层时，上方的 TFC 层可以作为碳量子点的功能层来进一步提升 CQDs 的光催化活性，提升膜自清洁性能，避免了顶层沉积加剧的吸附或者膜孔堵塞而造成的通量下降。

总之，本章初步探究了构建中间功能层通过界面聚合反应制备自清洁聚酰胺复合纳滤膜的可能性，证实了中间层的性质能显著影响纳滤膜的性能，为具有高通量、抗污染性的纳滤膜的制备提供了较强的经验指导。

第6章

碳基纳米材料协同设计耐溶剂有机纳滤膜

6.1 概述

有机膜与有机物之间的亲和性容易带来膜污染，引起膜性能下降，且在有机溶剂中纳滤膜通量低、选择性差以及结构稳定性差，在一定程度上影响了纳滤膜的应用进程。尤其对于异丙醇、乙醇、甲醇等一些黏度较高的有机溶剂，由于结构本身的羟基与纳滤膜的有机结构之间的氢键作用力，使溶剂的渗透性大大降低。研究人员开始着眼于开发低阻力、高贯穿性的基膜，或者利用高稳定性的二维纳米分离膜的层间距实现溶剂的快速渗透。但是，二维纳米分离膜普遍存在的溶胀问题以及长期运行时会使纳米片紧密堆叠，造成膜结构压实，通量衰减。

MXene（分子式为$M_{n+1}X_nT_x$，M代表过渡金属元素，X代表C或者N元素，T代表亲水性如OH、F、O、H等的端基）是一种新型二维材料。MXene与石墨烯（GO）、二硫化钼（MoS_2）等二维材料具有相似的片层结构，在水中具有优异的亲水性。并且，MXene具有更强的机械强度和耐溶剂性，可以形成更稳定的层间通道实现分子的快速渗透，在膜分离领域得到了广泛研究。但是，MXene分离膜仍然具有与GO等二维膜相似的难题：在水中或者溶剂中因层间水合力和静电力的存在导致的溶胀现象以及膜结构稳定性的问题。

有研究表明 MXene 纳米片间的羟基基团在加热条件下会发生自交联反应，表现出优异的结构稳定性。但是，自交联过度也会导致膜的渗透性低下，长期在压力下运行也会导致膜结构压实，使膜渗透性衰减。

碳纳米管（carbon nanotubes，CNTs）与二维材料 MXene 的协同设计，成了耐溶剂有机纳滤膜制备中的一项前沿技术。碳纳米管具有优异的力学性能、高导电性和良好的化学稳定性，而 MXene 作为一种新兴的二维材料，展现出极高的比表面积、优异的溶剂稳定性和丰富的表面化学功能。将这两种材料结合在一起，通过协同效应增强膜的综合性能，能够有效克服单一材料的局限性，特别是在苛刻溶剂环境中的膜稳定性和分离性能。CNTs 的引入有助于增强膜的机械强度和透过性能，而 MXene 的二维结构和表面官能化特性则为膜提供了更高的溶剂耐受性和更好的选择性分离能力。

本章利用具有强化学稳定性和高机械强度的碳纳米管和二维 MXene 片的分子间作用力协同设计构建了具有柱状结构的高性能、耐有机溶剂的纳滤膜。针对 MXene 层状膜结构稳定性差以及过度自交联导致的渗透性低等特点，通过两步结合干燥法改善了二维纳米分离膜的抗溶胀性能，利用 CNTs 的强分子间作用力提高了界面结合力和膜结构的稳定性。从结构和性能两个方面分析了溶剂体系中纳滤膜的分离机理。该复合膜具有对溶剂体系中不同三维尺寸分子精确筛分的能力，并且在长期运行过程中结构和性能保持稳定。

6.2　制备与测试方法

6.2.1　高性能耐溶剂有机纳滤膜的制备

6.2.1.1　聚醚酰亚胺基膜的制备

将聚醚酰亚胺颗粒置于真空干燥箱中 80℃干燥 24 h。然后将其与 *N*- 甲基吡咯烷酮（NMP）、LiCl 以一定的比例混合搅拌，使其溶解，形成均一的铸膜液。然后将其刮涂在玻璃板上，形成 100 μm 的 PEI 超滤基膜。将其保存在去离子水中备用。

6.2.1.2　交联聚酰亚胺的制备

未经任何处理的聚合物基膜在 *N*，*N*- 二甲基甲酰胺（DMF）、NMP 等不良溶剂中会首先溶胀，继而溶解，表现出差的稳定性，极大地限制了聚合物膜在有机体系中的应用。将 PEI 基膜浸入异丙醇（IPA）溶液中，进行溶剂置换后，将其浸入 10%（质量分数）的 1，6- 己二胺（HDA）溶液中常温反应 15 h，通过 HDA 对 PEI 基膜结构中的亚胺键进行反应，将相邻的 PEI 链段之间的亚胺环通过有机胺进行连接，使膜具有耐溶剂性能（图 6-1）。将膜浸入 IPA 中进行溶剂置换多次，将未交联完全的 HDA 除去后，置于 IPA 中保存。

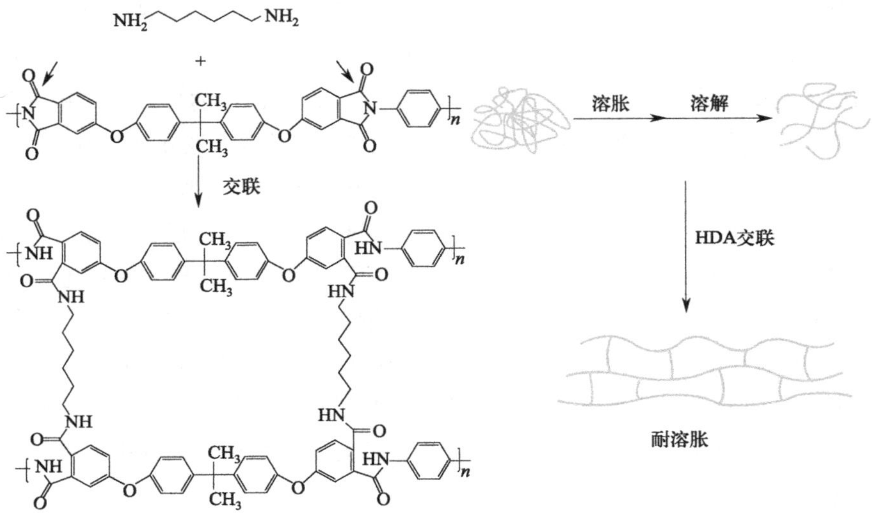

图 6−1　HDA 与 PEI 基膜的交联机理示意图

6.2.1.3　Ti_3C_2 的制备

将 3.2 g 的 LiF 在装有 40 mL 9 mol · L^{-1} 盐酸的聚四氟容器中溶解。然后将 2 g 的 Ti_3AlC_2 粉末加入混合溶液中，在 40℃下搅拌 24 h 后得到悬浮物溶液。用去离子水洗涤离心数次，直至酸碱性呈中性。然后将得到的前驱体超声 2 h，即可得到 2D 的 MXene 纳米片。将一定体积的 MXene 溶液抽滤在醋酸纤维素膜上，60℃干燥 24 h 后即可将其剥离下来，得到 MXene 膜，计算所得溶液的浓度，以便于后续反应的定量化进行。

6.2.1.4　多壁碳纳米管的分散改性

将多壁碳纳米管和十六烷基三甲基溴化铵加入水中搅拌均匀，使 CTAB 溶解充分。然后将混合物溶液放于细胞破碎仪中超声 2 h 即可得到均匀分散的碳纳米管溶液，命名为 CNTs-CTAB。

6.2.1.5　耐溶剂 MXene/CNTs-CTAB 纳滤膜的制备

MXene/CNTs-CTAB 纳滤膜是在 HDA 交联的 PEI 基底上通过简单的过滤法制备的。如图 6-2 所示，将 CNTs-CTAB 和 MXene 溶液分别用水稀释至 0.5mg · mL^{-1}，随后超声处理 5min 以确保均匀分散。然后通过调节两种胶体溶液的体积比，制备出不同配比的 MXene/CNT-CTAB 纳滤膜。

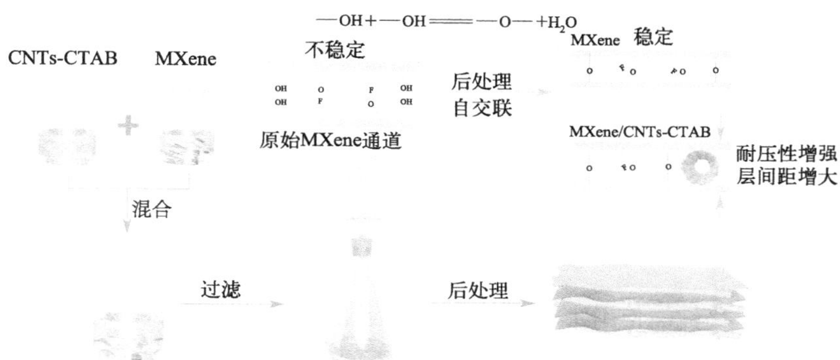

图 6-2　耐溶剂 MXene/CNTs-CTAB 纳滤膜的制备流程图

6.2.2　纳滤膜的表征方法

SEM、Zeta 电位等表征方法见第 2 章 2.3 节。

膜的机械强度、硬度、弹性模量以及与基膜之间的界面结合力通过配有测试软件、载荷压头以及一系列电机控制单元的纳米压痕 / 划痕仪器进行测试。通过软件记录实时载荷量以及深度。基于 Oliver 和 Pharr 方法，对加载 - 卸载曲线进行分析，得到最大载荷 P_{max}、压痕深度 h 以及接触刚度 S 等，然后计算得到的膜的硬度和弹性模量。

通过纳米划痕来评价界面之间的结合力（图 6-3）。利用圆锥压头以线性增加的载荷划过膜表面，直接将上层薄膜与基膜之间剥离，用剥离起始位置对应的临界载荷来评价界面结合力。划痕过程主要分三步进行：①以 0.05 mN 的恒定力对膜表面进行预扫描，获得膜表面的形貌和粗糙度，此过程中不会发生形变；②线性增加载荷使压头逐渐划过膜表面进行扫描，此过程中薄膜发生形变直至剥离；③以 0.05 mN 的恒定力进行后扫描，扫描划痕的残余深度。根据预扫描得到的数据进行校正，进而得到划痕的真实数据。

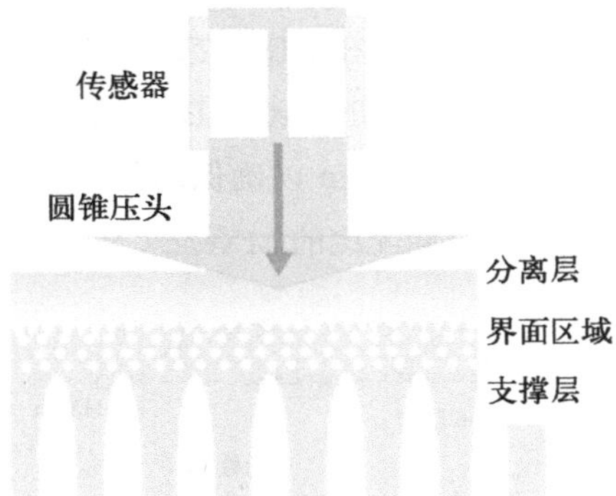

图 6-3 纳米划痕测试界面结合力的示意图

6.2.3 纳滤膜的分离性能测试

膜的分离性能使用实验室自制的死端过滤装置进行测试。有效面积为 0.000314 m^2。特别注意的是，每次测试不同的溶剂之前，需要用测试溶剂进行溶剂置换，以减少溶剂之间的差异以及相互作用所带来的误差。此外，使用 50 $mg \cdot kg^{-1}$ 刚果红的 DMF 溶液来评价所制备的膜测试的长期稳定性。

6.3 结果与讨论

6.3.1 CTAB 改性 CNTs 结构表征与分析

原始未改性的 CNTs 由于其固有的疏水结构和强大的范德华作用力表现出较差的分散性［图 6-4（a）］。CTAB 是一种由线性的疏水烷基和亲水性季铵盐端基构成的阳离子表面活性剂。将 CTAB 作为物理改性剂以提高 CNTs 的分散性。可以看到，改性后的胶体溶液呈现出丁达尔效应，证明形成了分散性良好的胶体溶液。将 CNTs-CTAB 溶液滴在硅片上烘干后进行 SEM 测试，发现其在视野范围内清晰可见，并且所制备的纯 CNTs-CTAB 纳滤膜表现出清晰的网络结构，没有大量的聚集体出现，进一步证明了所制备的 CNTs-CTAB 具有良好的分散性。这可能有以下几点原因。

① 多壁碳纳米管的结构比较特殊，其结构本身存在很多缺陷。与单壁

碳纳米管相比，碳纳米管之间的相互作用较弱。

② 在水中的 CNTs 表面呈现一定的负电性，而 CTAB 是一种阳离子表面活性剂。两者之间的相互作用促使亲水性的季铵盐端吸附在 CNTs 上［图 6-4（d)］，而未吸附的 CTAB 将形成胶束或者吸附在 CTAB 的烷基链上，导致亲水性的季铵盐端基向外侧露出。因此减弱了碳纳米管之间的强相互作用，得到均匀稳定的 CNTs-CTAB 溶液，可以在室温下放置两周以上。

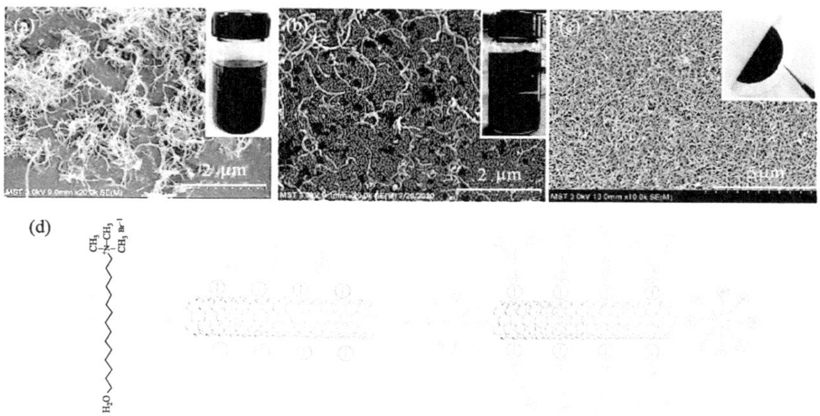

图 6-4　未改性的 CNTs、改性后的 CNTs-CTAB 胶体、纯 CNTs-CTAB 胶体的 SEM 分析及 CTAB 改性 CNTs 后的机理图

（a）未改性的 CNTs 在水溶液中具有差的分散性以及对应的微观 SEM 分析；（b）改性后的 CNTs-CTAB 胶体溶液具有良好的分散性以及对应的微观 SEM 分析；（c）在交联 PEI 基膜上抽滤制备的纯 CNTs-CTAB 膜表现出清晰的微观网络结构；（d）CTAB 改性 CNTs 后分散性提高的可能机理

未剥离处理的体相 Ti_3AlC_2 在用 HF 刻蚀后得到了手风琴形状的多层 $Ti_3C_2T_x$［图 6-5（a)］。此时，结构中具有强金属间作用力的 Ti—Al 被弱的范德华作用力替代，通过超声辅助剥离，即可得到单层 $Ti_3C_2T_x$，命名为 MXene 纳米片［图 6-5（b)］。首先，通过 TEM 对得到的 MXene 纳米片进行分析，发现其纳米片呈现了尺寸多样的单层片状结构，表面无褶皱，说明 MXene 具有良好的机械强度。通过 HF 与超声辅助进行剥离之后，原有的 Al 原子被亲水性的—O、—OH 以及 F 取代，使得到的纳米片在水溶液中表现出良好的分散性［图 6-5（b）内丁达尔效应］。其次，通过 XPS 分析［图 6-5（c)］，也进一步验证了结果。此外，通过 AFM 分析［图 6-5（d)、(e)］证明了纳米片的厚度为 2 ～ 4 nm，说明剥离后的材料为单层或者两层。最后，通过 XRD

中（002）位置的特征峰从 9° 向更小的位置移动，进一步证明了 Al 原子被成功刻蚀，体相的 Ti_3AlC_2 被成功剥离成单层的 MXene 纳米片［图 6-5（f）］。

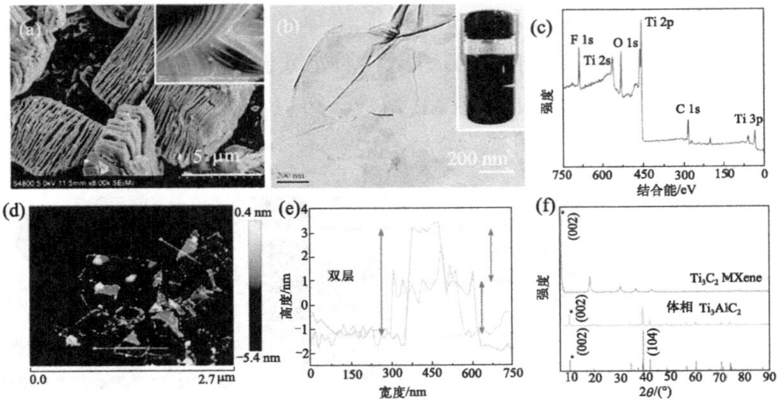

图 6-5　剥离前后单层 MXene 的相关表征

（a）风琴状的多层 $Ti_3C_2T_x$；（b）剥离后的单层 MXene 纳米片的 TEM 表征及分散性；（c）MXene 纳米片表面的元素分析；（d）MXene 纳米片的 AFM 图；（e）从 AFM 分析得到的单层 MXene 纳米片的厚度；（f）剥离前后 MXene 的 XRD 图

6.3.2　简单热处理制备耐溶胀 MXene 与 MXene/CNTs-CTAB 纳滤膜

通过真空辅助过滤制备了 MXene 以及 CNTs-CTAB 插层的 MXene/CNTs-CTAB 两种膜。未经任何处理的 MXene 膜表面端基存在的大量亲水基团，当 MXene 膜浸入水中的时候，大量的水分子会插入片层之间，导致膜溶胀。这种溶胀最终可以克服纳米片之间的弱相互作用，使初形成的膜快速崩解。研究表明，加热会导致 MXene 纳米片之间的基团之间发生自交联形成 Ti—O—Ti，从而提高膜的耐溶胀性能。但是，这种条件下制备的膜表现出较低的水通量。此外，还发现纯的 MXene 膜如果通过简单的风干也能表现出出色的抗溶胀性能。但是，这种膜的通量几乎为零。因此，尝试通过鼓风干燥箱辅助部分脱水干燥来解决膜的溶胀问题，以获得令人满意的性能。首先，将膜在鼓风干燥箱中干燥，以促使水分子向上移动至膜表面。然后将膜在室温下冷却 10 min，以蒸发膜表面的水分并消除由于膜内部结构急剧脱水而带来的内部应力［图 6-6（a）］。还探究了不同温度以及不同后处理时间对膜结构稳定性的影响。研究发现，随着温度的升高，膜的耐溶胀性能明显减弱。40℃下加热处理 70 s 时，当膜浸入水中，MXene 膜具有良好的耐溶胀性能［图 6-6（b）］。并且，膜表现出良好的渗透率，为 22.09 L · m^{-2} · h^{-1} · bar^{-1}。

随后测试了不同后处理时间对膜性能的影响［图 6-6（c）］。在相同温度下，随着后处理时间的延长，膜的通量逐渐降低。在 40℃处理 90 s 时，膜的通量几乎为零。因此，将最佳处理条件定为 40℃加热 70 s。加入 CNTs-CTAB 作为插层，当比例为 1∶1 时，发现水通量大幅提升，随着加热时间的延长，MXene/CNTs-CTAB 也表现出了通量下降的趋势。这可能是 CNTs 的加入量不足以阻挡 MXene 端基 Ti 与 Ti 之间的自交联造成的。

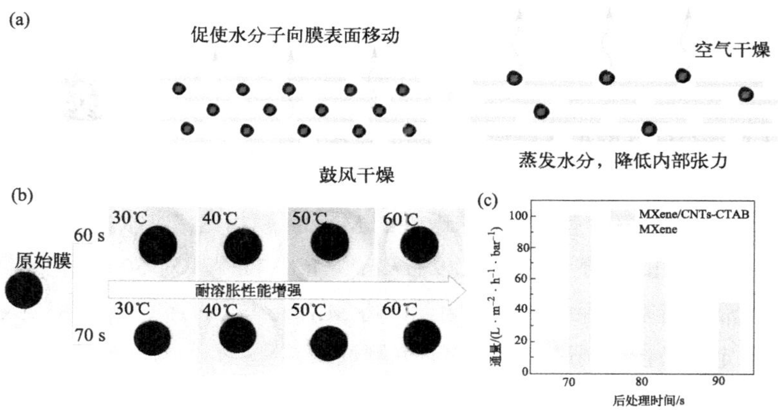

图 6-6　不同后处理时间对膜性能的影响

（a）两步干燥对膜进行后处理示意图；（b）不同后处理条件提升膜的抗溶胀性能；（c）不同烘干时间制备的纯 MXene 膜以及最佳比例制备的 MXene/CNTs-CTAB（1∶1）膜的性能

6.3.3　纳滤膜的结构表征与分析

未经 CNTs-CTAB 插层的 MXene 膜表面呈现无缺陷的表面结构（图 6-7），同时，根据断面 SEM 图，发现相邻的纳米片之间具有明显的界线，说明刚性的纳米片之间形成了规则的 2D 通道。此外，膜的表面出现褶皱，这可能是具有不规则形状的纳米片在加热时，端基基团在氢键的作用下发生键合，且在真空辅助过滤的操作条件下纳米片又随机朝向分布造成的。随着 CNTs-CTAB 的加入，CNTs 开始出现。相邻的 MXene 纳米片之间通过交错的 CNTs 连接。随着 CNTs-CTAB 量的逐渐增大，复合膜的厚度从 476

nm 左右逐渐增加到 1.1 μm。所有的改性膜均保持原有的层状结构。但是，加入 CNTs 之后，膜的断面结构不再规则，呈现出一定的无序性，这可能是由于在制样过程中，复合膜在液氮里淬断的过程中发生了变形。

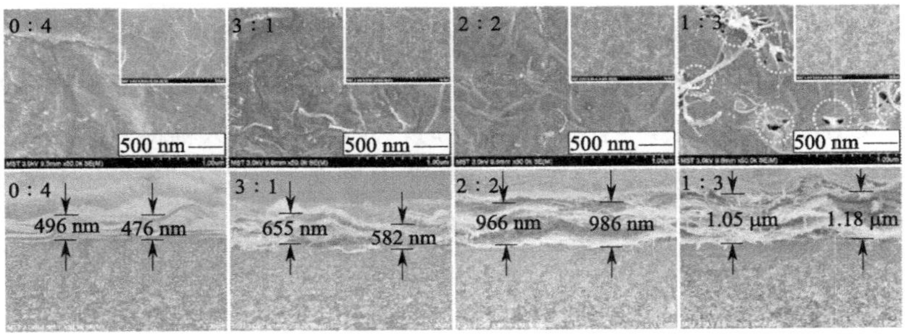

图 6-7 不同比例的 MXene 和 CNTs-CTAB 溶液制备的复合膜表面和断面 SEM 图

CNTs-CTAB 的加入，使复合膜的微观形貌发生了明显的变化。同时膜的纳滤性能也大幅上升（图 6-8）。当 MXene 和 CNTs-CTAB 的加入比例为 1∶1 时，得到的复合膜性能与未改性的 MXene 膜相比，纯水渗透性从 20.09 $L \cdot m^{-2} \cdot h^{-1} \cdot bar^{-1}$ 提高到 100.89 $L \cdot m^{-2} \cdot h^{-1} \cdot bar^{-1}$，对 50 $mg \cdot kg^{-1}$ 的刚果红溶液截留基本保持不变。因此，将 MXene 与 CNTs-CTAB 的加入比例为 1∶1 定为最佳比例进行后续的研究测试。

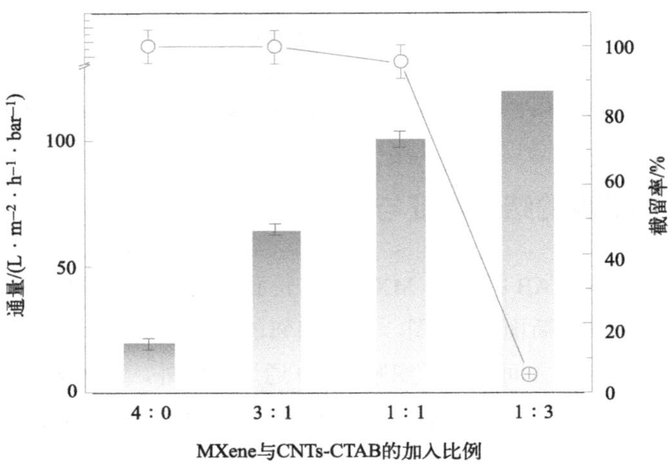

图 6-8 不同 MXene 和 CNTs-CTAB 比例制备的复合膜在 3 bar 下对 50 $mg \cdot kg^{-1}$ 的刚果红水溶液的分离性能

二维纳米片制备的层状膜主要通过片层间距来实现快速传递分离的目的。因此对比了改性前后不同膜在水和乙醇体系中的内部层间距 d 变化情况（图 6-9）。从图 6-9（a）中发现，随着 CNTs 含量的增大，MXene 的特征峰从 6.380 ° 处移动到 5.860 ° 处。通过 Bragg 方程计算得到，改性后复合膜的层间距由 13.8857 Å 变为 15.0695 Å。变大的层间距有利于分子的快速运输。因此，在加入 CNTs 之后，膜的渗透性得到了提升。MXene 与乙醇的亲和力较弱，层间距应低于水体系中的数值。然而，经过计算分析，发现膜在乙醇中表现出的层间距大于水中的层间距（表 6-1），与理想状态下或者文献报道的出现偏差。这可能是由于液体存在的情况下，使用 XRD 测试出现了一定的不兼容性。

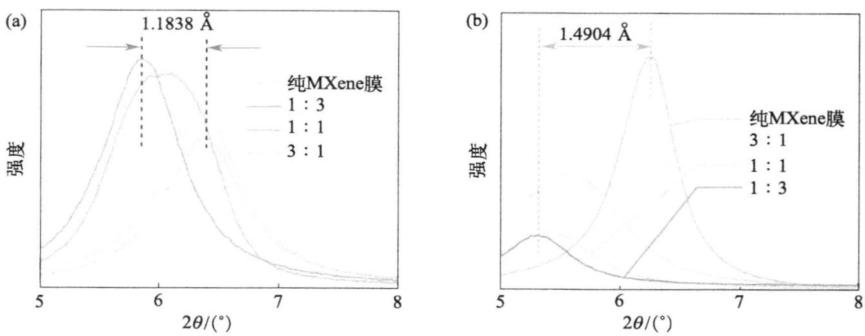

图 6-9 不同 MXene 和 CNTs-CTAB 比例制备的膜在不同体系 H_2O（a）以及乙醇（b）中的层间距变化

表 6-1 不同比例的 MXene 和 CNTs-CTAB 制备的膜在不同体系中的层间距变化

MXene∶CNTs-CTAB	2θ/（°）	层间距 /Å	体系
4∶0	6.380	13.8857	水
3∶1	6.360	14.4770	
1∶1	6.100	14.8524	
1∶3	5.860	15.0695	
4∶0	6.260	14.1075	乙醇
3∶1	5.440	15.7684	
1∶1	5.440	16.2323	
1∶3	5.320	16.5979	

复合膜的内部层间传输通道增大有利于分子在膜内快速传输。此外，膜的表面性质变化对膜的渗透性也有显著影响。因此，通过接触角对膜表面的亲疏水性进行测试（图 6-10）。原始的 MXene 膜由于表面丰富的含氧官能团的存在，表现出了良好的亲水性。随着 CNTs-CTAB 的加入，膜的疏水性逐

渐增强，这可能是 CNTs 表面具有疏水性造成的。当 MXene 与 CNTs-CTAB 的加入比例为 1∶3 时，接触角难以捕捉，这是因为膜表面存在的大量的缺陷，液滴直接渗透到了膜表面。这与 SEM 中所表达的信息一致。

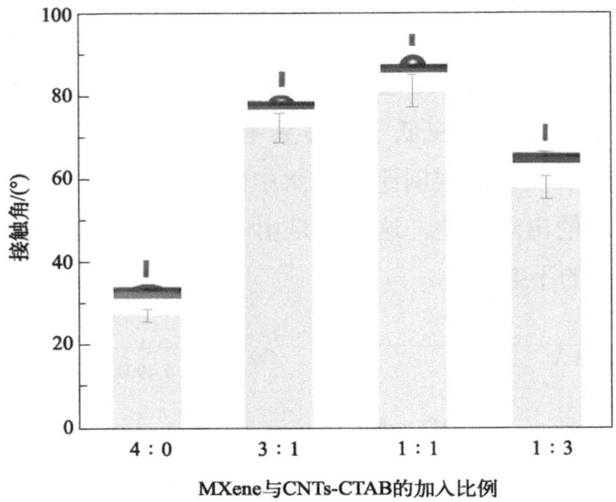

图 6-10　不同 MXene 和 CNTs-CTAB 比例制备的膜表面接触角变化

在有机溶剂体系中，尽管道南效应不是主要的分离控制因素，但是其存在也会对膜的分离性能造成影响。因此，测试了 MXene 和 MXene/CNTs-CTAB（1∶1）两种膜表面电位（图 6-11）。两种膜表现出相似的表面荷电性质，这可能是由于自交联过程中带负电的—OH 之间发生反应形成了—O—降低了 MXene 膜的负电性。此外，荷负电的 MXene 与带正电的 CNTs-CTAB 之间的中和作用也会使 MXene/CNTs-CTAB 膜的电性进一步减弱。

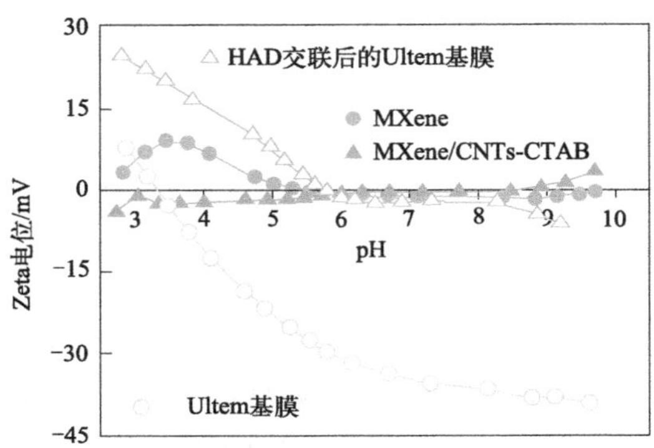

图 6-11　MXene 和 MXene/CNTs-CTAB（1∶1）两种膜的表面电位分析

通过 SEM 发现 CNTs 的加入给复合膜带来了一系列结构和性质的变化。由 SEM 分析可以发现，相邻的纳米片之间被卷曲缠绕的 CNTs 相互连接。因此，通过使用纳米划痕来检测改性前后的 MXene 和 MXene/CNTs-CTAB 两种膜与 PEI 基膜之间的界面结合力的变化情况。从图 6-12 中可以发现，原始的 MXene 膜在初始载荷开始增加的阶段就出现破裂。相反，MXene/CNTs-CTAB 膜的划痕深度随着位移增加而增加，之后才出现了破坏点。将测试得到的结果进行计算发现，MXene/CNTs-CTAB 膜较 MXene 膜界面结合力提升了 6 倍（图 6-13）。

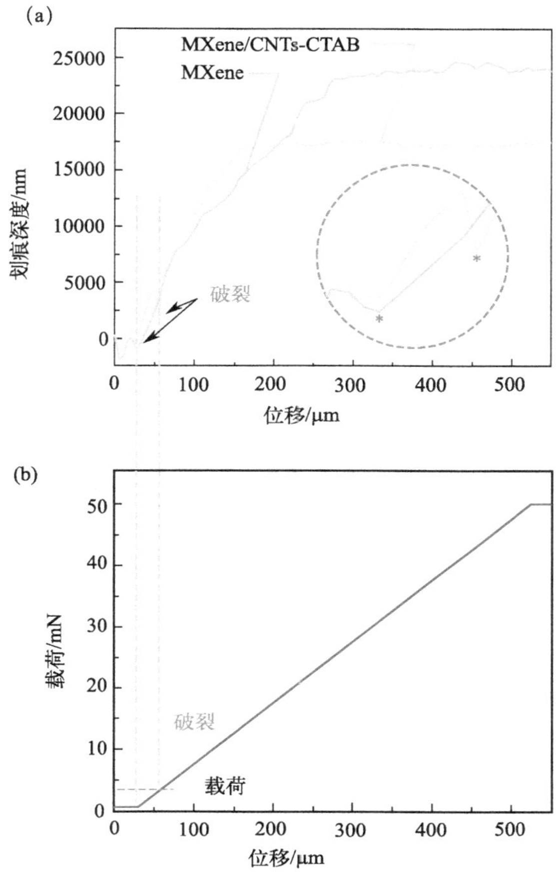

图 6-12 MXene 膜和 MXene/CNTs-CTAB 膜的纳米划痕测试结果（a）及施加的载荷-位移曲线（b）

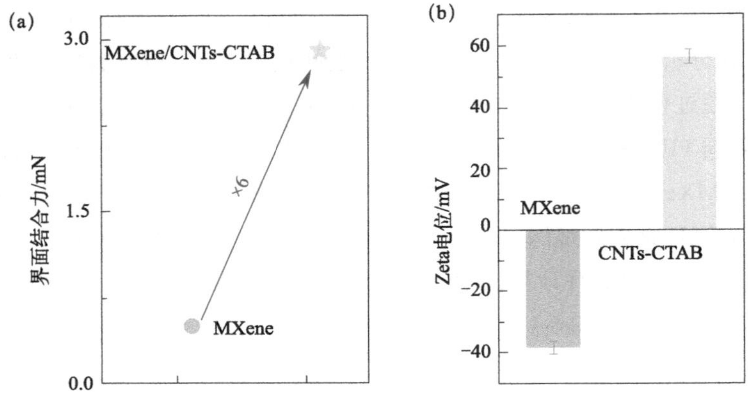

图 6-13 改性前后两种膜的界面结合力对比（a）及两种胶体溶液在纯水中的电性（b）

通过 SEM 和纳米划痕的测试表征可以合理地推测，增强的界面结合力可归因于：① CNTs 的独特的 sp^2 杂化结构具有强大的 π-π 相互作用，产生的范德瓦尔斯力可以促使 MXene 纳米片堆叠在交错的 CNTs 之间；② MXene 溶液和 CNTs-CTAB 溶液之间的电荷相反，二者之间的静电吸引力也有助于纳米片之间的相互连接。因此，改性以后界面结合力与纯 MXene 膜相比提高了 6 倍。

6.3.4 纳滤膜的耐压性测试

纳滤膜在运行过程中由于压力的作用会使膜结构被压实，造成膜的渗透性下降。因此，纳滤膜在高压下运行的稳定性对于纳滤膜的应用十分重要。并且，二维材料在外界作用力的存在下有可能重新堆叠到一起，直接引起膜性能衰减。因此，通过改变测试压力来评价膜的耐压实性能（图 6-14）。为了更好地表示 CNTs-CTAB 的存在提高了膜的耐压性，采用了归一化的水通量来对比其衰减程度。当操作压力从 3 bar 升高到 15 bar，MXene 膜和改性后的 MXene/CNTs-CTAB 膜的水通量均表现出了一定的衰减。可以发现，纯的 MXene 膜通量衰减程度（约 70%）远远大于 MXene/CNTs-CTAB 膜（约 14.6%）。这可能是由于 CNTs-CTAB 在相邻的纳米片之间可以起到支柱的作用。在压力的作用下，具有良好机械强度的 CNTs 可以抑制相邻的纳米片再堆叠。

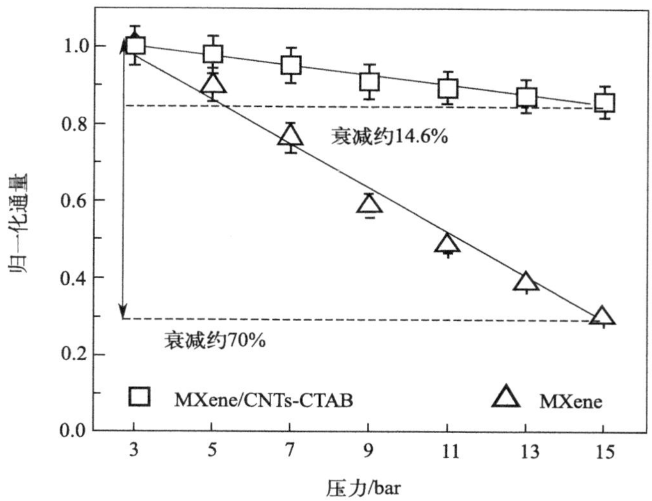

图 6-14　MXene 膜和 Mxene/CNTs-CTAB（1：1）膜性能的归一化通量对比

基于前面一系列膜结构和性能的关系，提出了改性膜实现快速传质分离的可能机理（图 6-15）：①大量交错的 CNTs 的疏水性内外表面可以作为无摩擦流道，加快水分子的传输；②具有高机械强度的 CNTs 可以作为 MXene 纳米片之间的支柱，使膜具有更大的层间距，加快分子传输。

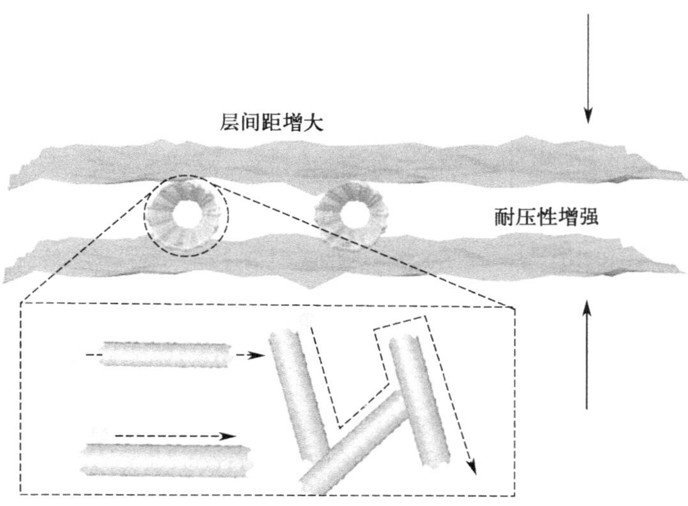

图 6-15　MXene/CNTs-CTAB 复合膜的传质机理图

6.3.5 纳滤膜的耐溶剂性能评价

由于许多物质只能溶解在有机溶剂中，并且在分离提纯的过程中，有机溶剂的萃取需要消耗大量的溶剂，大幅增加了企业的生产成本，造成了严重的资源浪费。因此，提升纳滤膜在有机溶剂中的稳定性对于扩展纳滤膜的应用至关重要。通过 HDA 交联，PEI 基膜能在绝大多数极性溶剂中稳定存在。Maleski 等证明，MXene 可以在乙醇、异丙醇、NMP、DMF 等多种极性溶剂中保持良好的分散性。因此，本研究测试了所制备的 MXene 和 MXene/CNTs-CTAB 两种膜在甲醇（MeOH）、乙醇（EtOH）、IPA、DMF 等几种有机溶剂中的稳定性（图 6-16）。

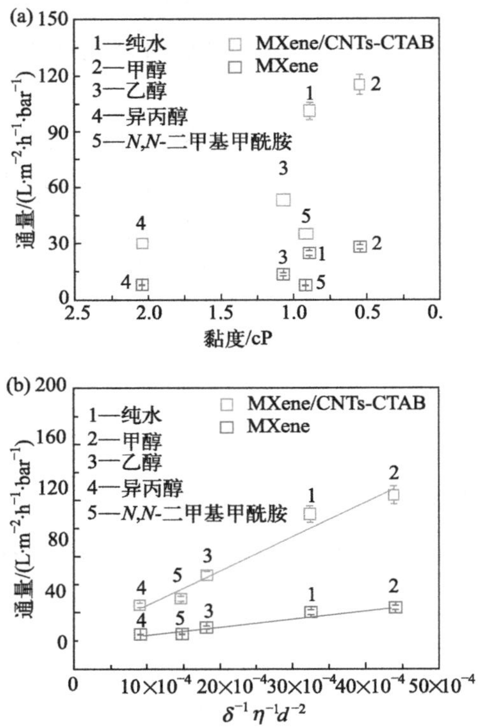

图 6-16 纯溶剂在两种膜内的渗透性与（a）黏度以及（b）溶剂本征参数之间的关系（$1cP=10^{-3}Pa\cdot s$）

实验发现，对于不同性质的溶剂，两种膜表现出的性能差异很大，并且两种膜表现出相同的变化趋势。大量研究表明，在有机溶剂体系里，黏度是影响溶剂渗透的主要因素。总体来讲，随着溶剂黏度的增大，膜的渗透性逐渐降低，测试的结果基本符合。但对于 DMF 溶剂，其黏度位于水和 EtOH 之间，其通量却最小，并没有完全符合上述变化趋势。有研究工作者提出，有机溶剂的渗透取决于溶剂本身的一系列性质，包括溶解度参数 δ、黏度 η 和直径 d 等。并基于此，提出溶剂通量（P）与溶剂本身的物性参数之间的关系可以用式(6-1)来表达。

$$P=K/\delta\eta d^2 \tag{6-1}$$

式中，K 是比例系数。

经过计算发现，这个模型可以很好地描述流体在规则通道内的传输。通过对数据的拟合，发现溶剂的通量能够很好地适用模型，与文献报道一致，即溶剂本身的特性参数会影响其在膜内的传输性能。

6.3.6　纳滤膜的在溶剂中的分离性能测试

基于改性复合膜表现出的超高的乙醇渗透性以及乙醇在工业中被大量使用消耗的现状，使用了 5 种浓度为 50 mg · kg^{-1}、具有不同空间结构的染料乙醇溶液来评估膜的选择性。

在水溶液体系中，纳滤膜的分离机理主要有道南效应和孔径筛分。在有机溶剂体系中，道南效应被大大削弱，孔径筛分成为纳滤膜分离的主要因素。此外，溶质、溶剂以及有机膜材料之间的相互作用力的影响也不可忽略。因此，通过浓度均为 50 mg · kg^{-1} 的 5 种具有不同空间结构的染料测试膜在乙醇中的分离性能（图 6-17）。与纯的 MXene 膜相比，改性后的复合 MXene/CNTs-CTAB 膜的乙醇渗透率提高了 4.1 倍，并且改性前后对染料表现出相似的选择性，没有明显的变化。由于过度干燥的状态下 MXene 膜没有任何渗透性，几乎可以认为 MXene 纳米片是无孔结构，此类的二维膜材料通过相邻的纳米片间距进行传输。因此，受阻扩散成为此类溶剂体系中纳滤膜分离的主要因素，即膜分离的主要由有机分子溶质、有机溶剂与有机膜材料结构之间的相互作用亲和力控制。染料结构本身的疏水碳骨架将与具有强范德瓦尔斯力的 CNTs 之间产生亲和力，吸附在 CNTs 的表面，这也会进一步使膜的有效传输通道宽度下降。相邻交错的、具有高纵横比的 CNTs-CTAB 可以充当“堤坝”，形成“闸门”结构，对分子进行有效拦截，并促进溶液沿着交错的CNTs产生的通道进行传递运输[图6-17(b)]。

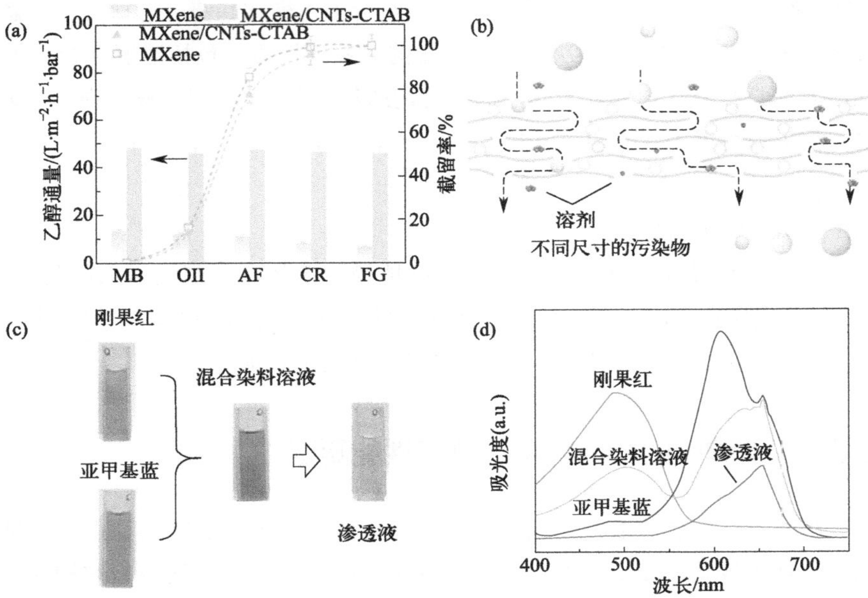

图6-17 (a) MXene和MXene/CNTs-CTAB (1：1) 两种膜对乙醇中不同染料的分离性能；(b) 不同分子在膜内传质机理图；(c) 不同染料醇溶液在乙醇中的图片；(d) 不同染料的乙醇溶液在分离前后的UV-Vis光谱

6.3.7　纳滤膜在有机溶剂中的长期稳定性测试

除了乙醇之外，一些强溶剂如DMF、NMP等在许多行业中也被广泛用作溶剂。因此，纳滤膜在这些溶剂中的稳定性可以进一步凸显OSN膜的优势。考虑到与水相比，DMF可以有效抑制MXene的氧化，因此评价了所制备的膜在强极性溶剂DMF中的稳定。连续测试了30 h后，膜的性能基本保持稳定，没有出现大幅下降（图6-18）。此外，通过将膜浸泡在不同溶剂中来评价膜的稳定性（图6-19）。由于表面张力作用，膜在不同溶剂中表现出不同的弯曲程度。在浸泡超过20天后，膜的整体结构保持完整，膜表面的纳米片没有任何脱落，表现出较好的耐溶剂性能。

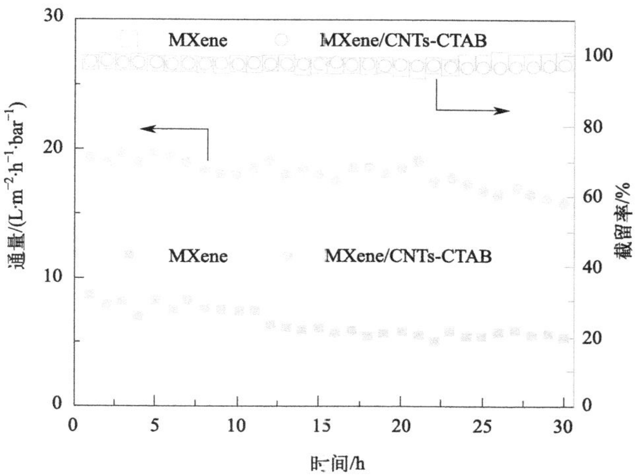

图 6-18　MXene 和 MXene/CNTs-CTAB（1∶1）两种膜对 DMF 中 50 mg · kg^{-1} 的刚果红溶液的长期稳定性测试（3 bar，30 h）

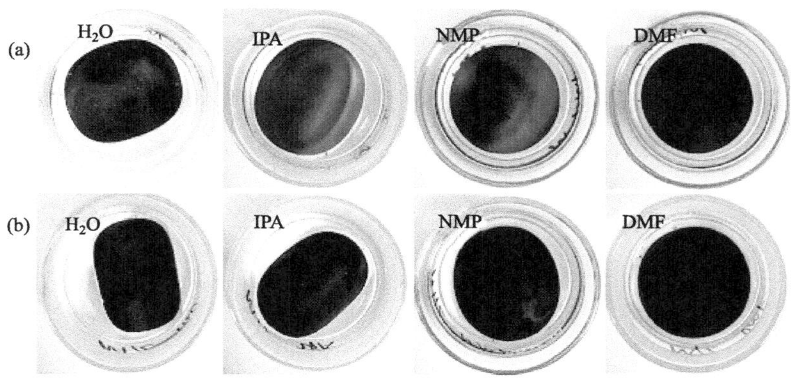

图 6-19　MXene 膜（a）和 MXene/CNTs-CTAB（1∶1）膜（b）在不同溶剂中浸泡 20 天后的外观图

6.4　本章小结

本章利用具有优异化学稳定性的碳纳米管作为插层，同具有良好溶剂分散性的刚性 MXene 纳米片进行调控制备了一维 / 二维复合纳米材料分离膜。提出了两步结合干燥法制备二维层状有机纳滤膜的新方法，通过阳离子表面活性剂进行改性提高碳纳米管的分散性，同时增强了碳纳米管与MXene纳米片之间的静电吸引力，有效抑制了二维纳米片在极性溶剂中的溶胀，提升了二维纳米分离膜的稳定性。调控优化膜的制备过程，制备得到高通量、耐溶剂的复合材料纳滤膜。

① 梯度控制二维纳米分离膜的自交联程度可以有效提升其结构稳定性，同时保有一定的渗透性；此外，分子间作用力和静电力也可以进一步强化二维片层之间的结合力，增强界面稳定性。

② 有机溶剂的渗透性与溶剂本身的特性参数，包括黏度、溶解度参数以及摩尔直径等均有很大的关系。黏度不是影响溶剂渗透性的唯一因素。

③ 有机纳滤膜在有机溶剂中的分离性能与水体系差异较大。在有机溶剂体系中，道南效应被弱化，孔径筛分和受阻扩散成为主要考虑的分离控制因素。

第7章

结论与展望

本书立足于有机纳滤膜应用面临的关键问题，利用碳基纳米材料对有机膜进行改性制备，并进行相关研究。首先，从碳基纳米材料的特性出发，考虑纳滤膜的结构、性质、应用、局限性等，通过材料的选择与改性、膜结构的控制、制备方法的优化以及功能化设计等策略，探究了碳基纳米材料调控制备界面聚合纳滤膜的结构特点，在此研究基础之上，针对传统界面聚合过程存在的局限性，提出构建碳基纳米材料分离膜，通过结构设计优化了制膜流程。其次，针对纳滤膜应用面临的膜污染问题，通过光催化剂拓展了纳滤膜的光催化自清洁功能。最后，探索了耐溶剂有机纳滤膜的制备与调控，研究了其在有机溶剂体系中的应用。从材料设计与合成，到制膜方法的选择与构建，最终实现了制膜方法的设计、制膜过程优化、光催化功能性设计以及耐溶剂应用领域的拓展。本文得出的结论如下。

① 剖析界面聚合纳滤膜的结构调控过程。针对纳滤膜应用面临的关键问题，通过亲水性碳基纳米材料 CQDs-NH_2 作为水相添加剂调控界面聚合反应，进而调控聚酰胺纳滤膜的结构和性能。利用两相之间的自抑制反应特点降低界面聚合反应速率，调控界面处的反应，形成光滑的聚酰胺选择层结构，制备高性能的疏松纳滤膜。改性膜的渗透性高达 38 $L\cdot m^{-2}\cdot h^{-1}\cdot bar^{-1}$，同时对大分子染料保持高选择性，对小分子染料表现出高渗透性，可以有效用于不同三维尺寸分子的筛分。阐明了纳米材料作为添加剂影响调控界面聚合反应以及选择层结构的相关机理，为高性能聚酰胺纳滤膜的制备与结构调

控提供了理论指导。

② 优化纳米材料分离膜的制备流程。针对传统界面聚合过程反应快、难控制、分离精度低等问题，利用富含氨基的 CQDs-NH_2 作为水相单体进行界面聚合反应。为了解决 CQDs-NH_2 反应活性低，以及与基膜之间分子间作用力差导致的沉积过慢的问题，引入工业级的聚电解质表面活性剂与荷电的基膜、CQDs-NH_2 之间构建双电层，介导 CQDs-NH_2 快速沉积，同时调控水油两相之间的溶解度差异，加速反应的进行，最终在常温下通过传统的一步界面聚合实现纳米材料分离膜的快速制备。通过对反应条件的控制以及膜表面与内部的微观结构及化学组成进行分析，阐明了聚电解质介导纳米材料分离膜制备的相关机理。利用介导过程中不同阶段存在的作用力调控纳米材料分离膜的结构和性能，得到的氨基碳量子点纳滤膜的渗透性提升到了 55 $L \cdot m^{-2} \cdot h^{-1} \cdot bar^{-1}$ 左右，同时对大分子染料保持高选择性，对无机盐表现出高渗透性，可有效分离具有相互作用的染料与盐的混合溶液，长期测试表现出优异的渗透性与选择性。在资源高效回收利用领域表现出巨大的潜力。

③ 纳滤膜的光催化自清洁功能性拓展。针对纳滤膜存在的膜污染问题，提出将光催化纳米材料设计为中间层，重构界面聚合反应过程，构建快速传输通道，实现水的快速传输。同时顶部的选择层可以进一步修饰催化剂，提升催化活性，对催化剂存在的稳定性起到保护作用。根据材料官能团特点设计调控各层之间的反应，实现膜结构、性能以及功能化为一体的一步制备。具有光响应自清洁功能的新型纳滤膜的制备为解决膜污染问题提供了新思路。

④ 耐溶剂纳滤膜应用领域的拓展。针对纳滤膜在有机溶剂体系应用面临的通量低、膜结构稳定性问题，构建耐溶剂基膜和选择层。利用材料结构特点进行选择层的设计与改性，通过控制制备过程实现膜结构和性能的梯度调控；根据膜结构和表面特性探究了有机溶剂体系中的分离机理。在孔径筛分和受阻扩散的控制下，制备的复合膜对有机溶剂中的三维分子具有精确选择性分离功能，为有机溶剂体系中纳滤膜的发展与应用提供了理论基础。

随着碳基纳米材料的商业化不断推进，其制备成本越来越低，而传统的纳滤膜的局限性在很大程度上限制了其应用。碳基纳米材料调控有机纳滤膜成本低，通过对材料改性能够不断优化纳滤膜的性质，因此，其研究发展与应用必将是很长一段时间的研究热点。本书从调控制膜方法的探究、制膜流程的优化、功能化以及应用拓展等方面进行了探索，同时，也发现了一些未解决的问题，对于功能化纳滤膜的拓展以及推动纳滤膜的工业化应用有着重要意义。

① 改性碳基纳米材料制备多功能的高性能有机纳滤膜。通过 CQDs 的控制合成对 CNTs 进行改性来优化 CNTs 的分散性，制备具有高稳定性和光催化活性的 CNTs/CQDs 复合材料。面向不同的应用体系，通过改变材料的结构和性质来控制优化选择层的结构；通过改变材料的结构，赋予膜功能化，解决纳滤膜在应用中存在的局限性，制备高性能纳滤膜以实现不同体系中的物料分离和资源回收，为下一代纳滤膜的发展增砖添瓦。

② 聚电解质介导碳量子点制备低成本抗污染纳滤膜。通过功能性聚电解质优化改性碳量子点纳滤膜的抗污染能力，以最大程度地缓解有机物在纳滤膜表面的吸附问题，制备抗污染性更强的碳量子点纳滤膜用于资源的回收利用，在低成本制备的基础上，降低运行成本，为纳滤膜在工业中的发展和应用推波助力。

参考文献

[1] Li T, Qiu S, Mao S X, et al. Evaluating water resource accessibility in southwest China[J]. Water, 2019, 11（8）: 1708.

[2] Werber J R, Osuji C O, Elimelech M. Materials for next-generation desalination and water purification membranes[J]. Nature Reviews Materials, 2016, 1: 16018.

[3] Wen Y H, Yuan J M, Ma X M, et al. Polymeric nanocomposite membranes for water treatment: A review[J]. Environmental Chemistry Letters, 2019, 17（4）: 1539-1551.

[4] Xie W C, Li T, Tiraferri A, et al. Toward the next generation of sustainable membranes from green chemistry principles[J]. ACS Sustainable Chemistry & Engineering, 2021, 9（1）: 50-75.

[5] Esfahani M R, Aktij S A, Dabaghian Z, et al. Nanocomposite membranes for water separation and purification: Fabrication, modification, and applications[J]. Separation and Purification Technology, 2019, 213: 465-499.

[6] Paul M, Jons S D. Chemistry and fabrication of polymeric nanofiltration membranes: A review[J]. Polymer, 2016, 103: 417-456.

[7] Pendergast M M, Hoek E M V. A review of water treatment membrane nanotechnologies[J]. Energy & Environmental Science, 2011, 4（6）: 1946-1971.

[8] Szekely G, Jimenez-Solomon M F, Marchetti P, et al. Sustainability assessment of organic solvent nanofiltration: From fabrication to application[J]. Green Chemistry, 2014, 16（10）: 4440-4473.

[9] Yang Z, Zhou Y, Feng Z Y, et al. A review on reverse osmosis and nanofiltration membranes for water purification[J]. Polymers, 2019, 11（8）: 1252.

[10] Bowen W R, Cao X W. Electrokinetic effects in membrane pores and the determination of zeta-potential[J]. Journal of Membrane Science, 1998, 140（2）: 267-273.

[11] Bowen W R, Welfoot J S. Predictive modelling of nanofiltration: Membrane specification and process optimisation[J]. Desalination, 2002, 147（1/2/3）: 197-203.

[12] Sun S P, Wang K Y, Rajarathnam D, et al. Polyamide-imide nanofiltration hollow fiber membranes with elongation-induced nano-pore evolution[J]. AIChE Journal, 2010, 56（6）: 1481-1494.

[13] Xia Q C, Liu M L, Cao X L, et al. Structure design and applications of dual-layer polymeric membranes[J]. Journal of Membrane Science, 2018, 562: 85-111.

[14] Soroko I, Lopes M P, Livingston A. The effect of membrane formation parameters on performance of polyimide membranes for organic solvent nanofiltration（OSN）: Part A. Effect of polymer/solvent/non-solvent system choice[J]. Journal of Membrane Science, 2011, 381（1/2）: 152-162.

[15] Soroko I, Makowski M, Spill F, et al. The effect of membrane formation parameters on performance of polyimide membranes for organic solvent nanofiltration（OSN）. Part B: Analysis of evaporation step and the role of a co-solvent[J]. Journal of Membrane Science, 2011,

381（1/2）: 163-171.

[16] Xia Q C, Yang W J, Fan F, et al. Encapsulated polyethyleneimine enables synchronous nanostructure construction and *in situ* functionalization of nanofiltration membranes[J]. Nano Letters, 2020, 20（11）: 8185-8192.

[17] Liu C, Yang J, Guo B B, et al. Interfacial polymerization at the alkane/ionic liquid interface[J]. Angewandte Chemie International Editon, 2021, 60（26）: 14636-14643.

[18] Zhang Y L, Benes N E, Lammertink R G H. Visualization and characterization of interfacial polymerization layer formation[J]. Lab on a Chip, 2015, 15（2）: 575-580.

[19] Yuan F, Wang Z, Yu X W, et al. Visualization of the formation of interfacially polymerized film by an optical contact angle measuring device[J]. The Journal of Physical Chemistry C, 2012, 116（21）: 11496-11506.

[20] Kong C L, Shintani T, Kamada T, et al. Co-solvent-mediated synthesis of thin polyamide membranes[J]. Journal of Membrane Science, 2011, 384（1/2）: 10-16.

[21] Kong C L, Kanezashi M, Yamomoto T, et al. Controlled synthesis of high performance polyamide membrane with thin dense layer for water desalination[J]. Journal of Membrane Science, 2010, 362（1/2）: 76-80.

[22] Kim S H, Kwak S Y, Suzuki T. Positron annihilation spectroscopic evidence to demonstrate the flux-enhancement mechanism in morphology-controlled thin-film-composite（TFC）membrane[J]. Environmental Science & Technology, 2005, 39（6）: 1764-1770.

[23] Cao X L, Guo J L, Cai J, et al. The encouraging improvement of polyamide nanofiltration membrane by cucurbituril-based host-guest chemistry[J]. AIChE Journal, 2020, 66（4）: e16879.

[24] Cai J, Cao X L, Zhao Y, et al. The establishment of high-performance anti-fouling nanofiltration membranes *via* cooperation of annular supramolecular Cucurbit [6] uril and dendritic polyamidoamine[J]. Journal of Membrane Science, 2020, 600: 117863.

[25] Tang M J, Liu M L, Wang D A, et al. Precisely patterned nanostrand surface of cucurbituril [*n*]-based nanofiltration membranes for effective alcohol-water condensation[J]. Nano Letters, 2020, 20（4）: 2717-2723.

[26] Tan Z, Chen S F, Peng X S, et al. Polyamide membranes with nanoscale Turing structures for water purification[J]. Science, 2018, 360（6388）: 518-521.

[27] Gol R M, Bera A, Banjo S, et al. Effect of amine spacer of PEG on the properties, performance and antifouling behavior of poly（piperazineamide）thin film composite nanofiltration membranes prepared by *in situ* PEGylation approach[J]. Journal of Membrane Science, 2014, 472: 154-166.

[28] Liang Y Z, Zhu Y Z, Liu C, et al. Polyamide nanofiltration membrane with highly uniform sub-nanometre pores for sub-1 Å precision separation[J]. Nature Communications, 2020, 11（1）: 2015.

[29] Li X, Wang K Y, Helmer B, et al. Thin-film composite membranes and formation

mechanism of thin-film layers on hydrophilic cellulose acetate propionate substrates for forward osmosis processes[J]. Industrial & Engineering Chemistry Research, 2012, 51（30）: 10039-10050.

[30] Jiang C, Tian L, Zhai Z, et al. Thin-film composite membranes with aqueous template-induced surface nanostructures for enhanced nanofiltration[J]. Journal of Membrane Science, 2019, 589: 117244.

[31] Ghosh A K, Hoek E M V. Impacts of support membrane structure and chemistry on polyamide-polysulfone interfacial composite membranes[J]. Journal of Membrane Science, 2009, 336（1/2）: 140-148.

[32] Lu T D, Chen B Z, Wang J, et al. Electrospun nanofiber substrates that enhance polar solvent separation from organic compounds in thin-film composites[J]. Journal of Materials Chemistry A, 2018, 6（31）: 15047-15056.

[33] Liu J T, Hua D, Zhang Y, et al. Precise molecular sieving architectures with Janus pathways for both polar and nonpolar molecules[J]. Advanced Materials, 2018, 30（11）: 1705933.

[34] Jiang C, Zhang L P, Li P, et al. Ultrathin film composite membranes fabricated by novel *in situ* free interfacial polymerization for desalination[J]. ACS Applied Materials & Interfaces, 2020, 12（22）: 25304-25315.

[35] Wang J J, Yang H C, Wu M B, et al. Nanofiltration membranes with cellulose nanocrystals as an interlayer for unprecedented performance[J]. Journal of Materials Chemistry A, 2017, 5（31）: 16289-16295.

[36] Cheng C, Li P Y, Shen K, et al. Integrated polyamide thin-film nanofibrous composite membrane regulated by functionalized interlayer for efficient water/isopropanol separation[J]. Journal of Membrane Science, 2018, 553: 70-81.

[37] Zhou Z Y, Hu Y X, Boo C, et al. High-performance thin-film composite membrane with an ultrathin spray-coated carbon nanotube interlayer[J]. Environmental Science & Technology Letters, 2018, 5（5）: 243-248.

[38] Gong G H, Wang P, Zhou Z Y, et al. New insights into the role of an interlayer for the fabrication of highly selective and permeable thin-film composite nanofiltration membrane[J]. ACS Applied Materials & Interfaces, 2019, 11（7）: 7349-7356.

[39] Karan S, Jiang Z W, Livingston A G. Sub-10 nm polyamide nanofilms with ultrafast solvent transport for molecular separation[J]. Science, 2015, 348（6241）: 1347-1351.

[40] Cao X L, Yan Y N, Zhou F Y, et al. Tailoring nanofiltration membranes for effective removing dye intermediates in complex dye-wastewater[J]. Journal of Membrane Science, 2020, 595: 117476.

[41] Zhu J Y, Qin L J, Uliana A, et al. Elevated performance of thin film nanocomposite membranes enabled by modified hydrophilic MOFs for nanofiltration[J]. ACS Applied Materials & Interfaces, 2017, 9（2）: 1975-1986.

[42] Xiao H F, Chu C H, Xu W T, et al. Amphibian-inspired amino acid ionic liquid functionalized

nanofiltration membranes with high water permeability and ion selectivity for pigment wastewater treatment[J]. Journal of Membrane Science, 2019, 586: 44-52.

[43] Liu Y L, Zhao Y Y, Wang X M, et al. Effect of varying piperazine concentration and post-modification on prepared nanofiltration membranes in selectively rejecting organic micropollutants and salts[J]. Journal of Membrane Science, 2019, 582: 274-283.

[44] Han R Y, Wu P Y. High-performance graphene oxide nanofiltration membrane with continuous nanochannels prepared by the *in situ* oxidation of MXene[J]. Journal of Materials Chemistry A, 2019, 7（11）: 6475-6481.

[45] Chi C L, Wang X R, Peng Y W, et al. Facile preparation of graphene oxide membranes for gas separation[J]. Chemistry of Materials, 2016, 28（9）: 2921-2927.

[46] Wang D, Wang Z G, Wang L, et al. Ultrathin membranes of single-layered MoS_2 nanosheets for high-permeance hydrogen separation[J]. Nanoscale, 2015, 7（42）: 17649-17652.

[47] Zhou Z H, Panatdasirisuk W, Mathis T S, et al. Layer-by-layer assembly of MXene and carbon nanotubes on electrospun polymer films for flexible energy storage[J]. Nanoscale, 2018, 10（13）: 6005-6013.

[48] Cui X L, Wu X L, Zhang J, et al. A loosely stacked lamellar membrane of irregular MoS_2 flakes for ultrahigh water and organics permeation[J]. Journal of Materials Chemistry A, 2019, 7（20）: 12698-12705.

[49] Wang S F, Yang L X, He G W, et al. Two-dimensional nanochannel membranes for molecular and ionic separations[J]. Chemical Society Reviews, 2020, 49（4）: 1071-1089.

[50] Ran J, Zhang P P, Chu C Q, et al. Ultrathin lamellar MoS_2 membranes for organic solvent nanofiltration[J]. Journal of Membrane Science, 2020, 602: 117963.

[51] Ding M M, Xu H, Chen W, et al. Construction of a hierarchical carbon nanotube/MXene membrane with distinct fusiform channels for efficient molecular separation[J]. Journal of Materials Chemistry A, 2020, 8（43）: 22666-22673.

[52] Wei S C, Xie Y, Xing Y D, et al. Two-dimensional graphene oxide/MXene composite lamellar membranes for efficient solvent permeation and molecular separation[J]. Journal of Membrane Science, 2019, 582: 414-422.

[53] Zheng S X, Tu Q S, Urban J J, et al. Swelling of graphene oxide membranes in aqueous solution: Characterization of interlayer spacing and insight into water transport mechanisms[J]. ACS Nano, 2017, 11（6）: 6440-6450.

[54] Wang Z X, He F, Guo J, et al. The stability of a graphene oxide（GO）nanofiltration（NF）membrane in an aqueous environment: Progress and challenges[J]. Materials Advances, 2020, 1（4）: 554-568.

[55] Yeh C N, Raidongia K, Shao J J, et al. On the origin of the stability of graphene oxide membranes in water[J]. Nature Chemistry, 2014, 7（2）: 166-170.

[56] Ding L, Li L B, Liu Y C, et al. Effective ion sieving with $Ti_3C_2T_x$ MXene membranes for

production of drinking water from seawater[J]. Nature Sustainability, 2020, 3（4）: 296-302.

[57] Goh K, Jiang W C, Karahan H E, et al. All-carbon nanoarchitectures as high-performance separation membranes with superior stability[J]. Advanced Functional Materials, 2015, 25（47）: 7348-7359.

[58] Lu Z, Wei Y Y, Deng J J, et al. Self-crosslinked MXene（$Ti_3C_2T_x$）membranes with good antiswelling property for monovalent metal ion exclusion[J]. ACS Nano, 2019, 13（9）: 10535-10544.

[59] Massot A, Mietton-Peuchot M, Peuchot C, et al. Nanofiltration and reverse osmosis in winemaking[J]. Desalination, 2008, 231（1/2/3）: 283-289.

[60] Kumar P, Sharma N, Ranjan R, et al. Perspective of membrane technology in dairy industry: A review[J]. Asian-Australasian Journal of Animal Sciences, 2013, 26（9）: 1347-1358.

[61] Cuartas B, Alcaina M I, Soriano E. Separation of mineral salts and lactose solutions through nanofiltration membranes[J]. Food Science and Technology International, 2004, 10（4）: 255-262.

[62] Shindhal T, Rakholiya P, Varjani S, et al. A critical review on advances in the practices and perspectives for the treatment of dye industry wastewater[J]. Bioengineered, 2021, 12（1）: 70-87.

[63] Puspasari T, Peinemann K V. Application of thin film cellulose composite membrane for dye wastewater reuse[J]. Journal of Water Process Engineering, 2016, 13: 176-182.

[64] Zhang Y, Wang L, Sun W, et al. Membrane technologies for Li^+/Mg^{2+} separation from salt-lake brines and seawater: A comprehensive review[J]. Journal of Industrial and Engineering Chemistry, 2020, 81: 7-23.

[65] Razmjou A, Asadnia M, Hosseini E, et al. Design principles of ion selective nanostructured membranes for the extraction of lithium ions[J]. Nature Communications, 2019, 10（1）: 5793.

[66] Sun S P, Chung T S, Lu K J, et al. Enhancement of flux and solvent stability of Matrimid® thin-film composite membranes for organic solvent nanofiltration[J]. AIChE Journal, 2014, 60（10）: 3623-3633.

[67] Fu Z J, Wang Z Y, Liu M L, et al. Dual-layer membrane with hierarchical hydrophobicity and transport channels for nonpolar organic solvent nanofiltration[J]. AIChE Journal, 2021, 67（4）: e17138.

[68] Sholl D S, Lively R P. Seven chemical separations to change the world[J]. Nature, 2016, 532（7600）: 435-437.

[69] Guo S W, Wan Y H, Chen X R, et al. Loose nanofiltration membrane custom-tailored for resource recovery[J]. Chemical Engineering Journal, 2021, 409: 127376.

[70] Shao P P, Yao R X, Li G, et al. Molecular-sieving membrane by partitioning the channels in ultrafiltration membrane by *in situ* polymerization[J]. Angewandte Chemie International Editon, 2020, 59（11）: 4401-4405.

[71] Tiwari K, Sarkar P, Modak S, et al. Large area self-assembled ultrathin polyimine nanofilms formed at the liquid-liquid interface used for molecular separation[J]. Advanced Materials, 2020, 32（8）: e1905621.

[72] Yang W J, Shao D D, Zhou Z Z, et al. Carbon quantum dots（CQDs）nanofiltration membranes towards efficient biogas slurry valorization[J]. Chemical Engineering Journal, 2020, 385: 123993.

[73] Yuan B B, Jiang C, Li P F, et al. Ultrathin polyamide membrane with decreased porosity designed for outstanding water-softening performance and superior antifouling properties[J]. ACS Applied Materials & Interfaces, 2018, 10（49）: 43057-43067.

[74] Jimenez-Solomon M F, Song Q L, Jelfs K E, et al. Polymer nanofilms with enhanced microporosity by interfacial polymerization[J]. Nature Materials, 2016, 15（7）: 760-767.

[75] Bhattacharjee S, Chen J C, Elimelech M. Coupled model of concentration polarization and pore transport in crossflow nanofiltration[J]. AIChE Journal, 2001, 47（12）: 2733-2745.

[76] Zhang Y Q, Zhang L, Hou L, et al. Modeling of the variations of permeate flux, concentration polarization, and solute rejection in nanofiltration system[J]. AIChE Journal, 2019, 65（3）: 1076-1087.

[77] Lv J L, Zhang G Q, Zhang H M, et al. Improvement of antifouling performances for modified PVDF ultrafiltration membrane with hydrophilic cellulose nanocrystal[J]. Applied Surface Science, 2018, 440: 1091-1100.

[78] Zhao X T, Su Y L, Li Y F, et al. Engineering amphiphilic membrane surfaces based on PEO and PDMS segments for improved antifouling performances[J]. Journal of Membrane Science, 2014, 450: 111-123.

[79] Chen W J, Su Y L, Peng J M, et al. Engineering a robust, versatile amphiphilic membrane surface through forced surface segregation for ultralow flux-decline[J]. Advanced Functional Materials, 2011, 21（1）: 191-198.

[80] Choudhury R R, Gohil J M, Mohanty S, et al. Antifouling, fouling release and antimicrobial materials for surface modification of reverse osmosis and nanofiltration membranes[J]. Journal of Materials Chemistry A, 2018, 6（2）: 313-333.

[81] Ziemba C, Khavkin M, Priftis D, et al. Antifouling properties of a self-assembling glutamic acid-lysine zwitterionic polymer surface coating[J]. Langmuir, 2019, 35（5）: 1699-1713.

[82] Bao X, Wu Q L, Shi W X, et al. Polyamidoamine dendrimer grafted forward osmosis membrane with superior ammonia selectivity and robust antifouling capacity for domestic wastewater concentration[J]. Water Research, 2019, 153: 1-10.

[83] Wang P P, Wang F H, Jiang H C, et al. Strong improvement of nanofiltration performance on micropollutant removal and reduction of membrane fouling by hydrolyzed-aluminum nanoparticles[J]. Water Research, 2020, 175: 115649.

[84] Yang R, Jang H, Stocker R, et al. Synergistic prevention of biofouling in seawater desalination by zwitterionic surfaces and low-level chlorination[J]. Advanced Materials, 2014, 26（11）: 1711-

1718.

[85] Ye G, Lee J, Perreault F, et al. Controlled architecture of dual-functional block copolymer brushes on thin-film composite membranes for integrated "defending" and "attacking" strategies against biofouling[J]. ACS Applied Materials & Interfaces, 2015, 7（41）: 23069-23079.

[86] Hirsch U, Ruehl M, Teuscher N, et al. Antifouling coatings *via* plasma polymerization and atom transfer radical polymerization on thin film composite membranes for reverse osmosis[J]. Applied Surface Science, 2018, 436: 207-216.

[87] Zhao X T, Zhang R N, Liu Y N, et al. Antifouling membrane surface construction: Chemistry plays a critical role[J]. Journal of Membrane Science, 2018, 551: 145-171.

[88] Li Y, Guo Z, Li S, et al. Interfacially polymerized thin-film composite membranes for organic solvent nanofiltration[J]. Advanced Materials Interfaces, 2021, 8（3）: 2001671.

[89] Cheng X Q, Zhang Y L, Wang Z X, et al. Recent advances in polymeric solvent-resistant nanofiltration membranes[J]. Advances in Polymer Technology, 2014, 33（S1）: adv.21455.

[90] Vanherck K, Koeckelberghs G, Vankelecom I F J. Crosslinking polyimides for membrane applications: A review[J]. Progress in Polymer Science, 2013, 38（6）: 874-896.

[91] Abdul Rahman A F H, Abu Seman M N. Modification of commercial ultrafiltration and nanofiltration membranes by UV-photografting technique for forward osmosis application[J]. Materials Today: Proceedings, 2019, 17: 590-598.

[92] Marchetti P, Jimenez Solomon M F, Szekely G, et al. Molecular separation with organic solvent nanofiltration: A critical review[J]. Chemical Reviews, 2014, 114（21）: 10735-10806.

[93] Xin Q, Shah H, Nawaz A, et al. Antibacterial carbon-based nanomaterials[J]. Advanced Materials, 2019, 31（45）: 1804838.

[94] Mauter M S, Elimelech M. Environmental applications of carbon-based nanomaterials[J]. Environmental Science & Technology, 2008, 42（16）: 5843-5859.

[95] Hoa L Q, Vestergaard M C, Tamiya E. Carbon-based nanomaterials in biomass-based fuel-fed fuel cells[J]. Sensors, 2017, 17（11）: 2587.

[96] Zhao D L, Chung T S. Applications of carbon quantum dots（CQDs）in membrane technologies: A review[J]. Water Research, 2018, 147: 43-49.

[97] Lim S Y, Shen W, Gao Z Q. Carbon quantum dots and their applications[J]. Chemical Society Reviews, 2015, 44（1）: 362-381.

[98] Liu J J, Li R, Yang B. Carbon dots: A new type of carbon-based nanomaterial with wide applications[J]. ACS Central Science, 2020, 6（12）: 2179-2195.

[99] He Y R, Zhao D L, Chung T S. Na^+ functionalized carbon quantum dot incorporated thin-film nanocomposite membranes for selenium and arsenic removal[J]. Journal of Membrane Science, 2018, 564: 483-491.

[100] Wang W T, Eftekhari E, Zhu G S, et al. Graphene oxide membranes with tunable permeability due to embedded carbon dots[J]. Chemical Communications, 2014, 50（86）: 13089-13092.

[101] Yuan Z J, Wu X L, Jiang Y J, et al. Carbon dots-incorporated composite membrane towards enhanced organic solvent nanofiltration performance[J]. Journal of Membrane Science, 2018, 549: 1-11.

[102] Yuan Z J, Wu X L, Jiang Y J, et al. Carbon dots-incorporated composite membrane towards enhanced organic solvent nanofiltration performance[J]. Journal of Membrane Science, 2018, 549: 1-11.

[103] Bi R, Zhang Q, Zhang R N, et al. Thin film nanocomposite membranes incorporated with graphene quantum dots for high flux and antifouling property[J]. Journal of Membrane Science, 2018, 553: 17-24.

[104] Ali S, Rehman S A U, Luan H Y, et al. Challenges and opportunities in functional carbon nanotubes for membrane-based water treatment and desalination[J]. Science of The Total Environment, 2019, 646: 1126-1139.

[105] Wang R Q, Chen D H, Wang Q, et al. Recent advances in applications of carbon nanotubes for desalination: A review[J]. Nanomaterials, 2020, 10（6）: 1203.

[106] Sianipar M, Kim S H, Khoiruddin, et al. Functionalized carbon nanotube（CNT）membrane: Progress and challenges[J]. RSC Advances, 2017, 7（81）: 51175-51198.

[107] Gao S J, Zhu Y Z, Gong Y Q, et al. Ultrathin polyamide nanofiltration membrane fabricated on brush-painted single-walled carbon nanotube network support for ion sieving[J]. ACS Nano, 2019, 13（5）: 5278-5290.

[108] Han Y, Jiang Y Q, Gao C. High-flux graphene oxide nanofiltration membrane intercalated by carbon nanotubes[J]. ACS Applied Materials & Interfaces, 2015, 7（15）: 8147-8155.

[109] Teixeira M R, Rosa M J, Nyström M. The role of membrane charge on nanofiltration performance[J]. Journal of Membrane Science, 2005, 265（1/2）: 160-166.

[110] Liu Y L, Wang X M, Yang H W, et al. Preparation of nanofiltration membranes for high rejection of organic micropollutants and low rejection of divalent cations[J]. Journal of Membrane Science, 2019, 572: 152-160.

[111] Tan Z, Chen S F, Peng X S, et al. Polyamide membranes with nanoscale Turing structures for water purification[J]. Science, 2018, 360（6388）: 518-521.

[112] Wang H J, Wang M D, Liang X, et al. Organic molecular sieve membranes for chemical separations[J]. Chemical Society Reviews, 2021, 50（9）: 5468-5516.

[113] Dou H Z, Xu M, Wang B Y, et al. Microporous framework membranes for precise molecule/ion separations[J]. Chemical Society Reviews, 2021, 50（2）: 986-1029.

[114] Misdan N, Lau W J, Ismail A F, et al. Study on the thin film composite poly（piperazine-amide）nanofiltration membrane: Impacts of physicochemical properties of substrate on interfacial polymerization formation[J]. Desalination, 2014, 344: 198-205.

[115] Mbuli B S, Nxumalo E N, Krause R W, et al. Modification of polyamide thin-film composite membranes with amino-cyclodextrins and diethylamino-cyclodextrins for water desalination[J].

Separation and Purification Technology, 2013, 120: 328-340.

[116] Rana D, Matsuura T. Surface modifications for antifouling membranes[J]. Chemical Reviews, 2010, 110（4）: 2448-2471.

[117] Zhang R N, Liu Y N, He M R, et al. Antifouling membranes for sustainable water purification: Strategies and mechanisms[J]. Chemical Society Reviews, 2016, 45（21）: 5888-5924.

[118] Yang X, Du Y, Zhang X, et al. Nanofiltration membrane with a mussel-inspired interlayer for improved permeation performance[J]. Langmuir, 2017, 33（9）: 2318-2324.

[119] Michaels A S. Analysis and prediction of sieving curves for ultrafiltration membranes: A universal correlation?[J]. Separation Science and Technology, 1980, 15（6）: 1305-1322.

[120] Zhang H, Zhao L X, Geng F L, et al. Carbon dots decorated graphitic carbon nitride as an efficient metal-free photocatalyst for phenol degradation[J]. Applied Catalysis B: Environmental, 2016, 180: 656-662.

[121] Biswal S, Sahoo J, Murthy P N, et al. Enhancement of dissolution rate of gliclazide using solid dispersions with polyethylene glycol 6000[J]. AAPS PharmSciTech, 2008, 9（2）: 563-570.

[122] Wang Q L, Huang X X, Long Y J, et al. Hollow luminescent carbon dots for drug delivery[J]. Carbon, 2013, 59: 192-199.

[123] Li X M, Rui M C, Song J Z, et al. Carbon and graphene quantum dots for optoelectronic and energy devices: A review[J]. Advanced Functional Materials, 2015, 25（31）: 4929-4947.

[124] Sun H Z, Wu P Y. Tuning the functional groups of carbon quantum dots in thin film nanocomposite membranes for nanofiltration[J]. Journal of Membrane Science, 2018, 564: 394-403.

[125] Vanhook S J, Schatz M F, Swift J B, et al. Long-wavelength surface-tension-driven Bénard convection: Experiment and theory[J]. Journal of Fluid Mechanics, 1997, 345: 45-78.

[126] Shen L, Zuo J, Wang Y. Tris（2-aminoethyl）amine *in situ* modified thin-film composite membranes for forward osmosis applications[J]. Journal of Membrane Science, 2017, 537: 186-201.

[127] Michail K, Aljuhani N, Siraki A G. The interaction of diamines and polyamines with the peroxidase-catalyzed metabolism of aromatic amines: A potential mechanism for the modulation of aniline toxicity[J]. Canadian Journal of Physiology and Pharmacology, 2013, 91（3）: 228-235.

[128] Sadhukhan M, Barman S. Bottom-up fabrication of two-dimensional carbon nitride and highly sensitive electrochemical sensors for mercuric ions[J]. Journal of Materials Chemistry A, 2013, 1（8）: 2752-2756.

[129] Yu H J, Shi R, Zhao Y F, et al. Smart utilization of carbon dots in semiconductor photocatalysis[J]. Advanced Materials, 2016, 28（43）: 9454-9477.

[130] Liu X Y, Chen H, Wang R L, et al. 0D-2D quantum dot: Metal dichalcogenide nanocomposite photocatalyst achieves efficient hydrogen generation[J]. Advanced Materials, 2017, 29（22）:

1605646.

[131] Jia H R, Wang Z B, Yuan T, et al. Electroluminescent warm white light-emitting diodes based on passivation enabled bright red bandgap emission carbon quantum dots[J]. Advanced Science, 2019, 6（13）: 1900397.

[132] Rochkind M, Pasternak S, Paz Y. Using dyes for evaluating photocatalytic properties: A critical review[J]. Molecules, 2014, 20（1）: 88-110.

[133] Li R, Ren Y L, Zhao P X, et al. Graphitic carbon nitride（g-C_3N_4）nanosheets functionalized composite membrane with self-cleaning and antibacterial performance[J]. Journal of Hazardous Materials, 2019, 365: 606-614.

[134] Wei Y B, Zhu Y X, Jiang Y J. Photocatalytic self-cleaning carbon nitride nanotube intercalated reduced graphene oxide membranes for enhanced water purification[J]. Chemical Engineering Journal, 2019, 356: 915-925.

[135] Lv Y, Zhang C, He A, et al. Photocatalytic nanofiltration membranes with self-cleaning property for wastewater treatment[J]. Advanced Functional Materials, 2017, 27（27）: 1700251.

[136] Yang X, Du Y, Zhang X, et al. Nanofiltration membrane with a mussel-inspired interlayer for improved permeation performance[J]. Langmuir, 2017, 33（9）: 2318-2324.

[137] Han Y, Xu Z, Gao C. Ultrathin graphene nanofiltration membrane for water purification[J]. Advanced Functional Materials, 2013, 23（29）: 3693-3700.

[138] Bai L M, Liu Y T, Bossa N, et al. Incorporation of cellulose nanocrystals（CNCs）into the polyamide layer of thin-film composite（TFC）nanofiltration membranes for enhanced separation performance and antifouling properties[J]. Environmental Science & Technology, 2018, 52（19）: 11178-11187.

[139] Zhang X, Lv Y, Yang H C, et al. Polyphenol coating as an interlayer for thin-film composite membranes with enhanced nanofiltration performance[J]. ACS Applied Materials & Interfaces, 2016, 8（47）: 32512-32519.

[140] Cheng X Q, Wang Z X, Jiang X, et al. Towards sustainable ultrafast molecular-separation membranes: From conventional polymers to emerging materials[J]. Progress in Materials Science, 2018, 92: 258-283.

[141] Kim S, Wang H T, Lee Y M. 2D nanosheets and their composite membranes for water, gas, and ion separation[J]. Angewandte Chemie International Edition, 2019, 58（49）: 17512-17527.

[142] Huang K, Li Z J, Lin J, et al. Two-dimensional transition metal carbides and nitrides（MXenes）for biomedical applications[J]. Chemical Society Reviews, 2018, 47（14）: 5109-5124.

[143] Ding L, Wei Y Y, Wang Y J, et al. A two-dimensional lamellar membrane: MXene nanosheet stacks[J]. Angewandte Chemie International Editon, 2017, 56（7）: 1825-1829.

[144] Karahan H E, Goh K, Zhang C J, et al. MXene materials for designing advanced separation membranes[J]. Advanced Materials, 2020, 32（29）: e1906697.

[145] Osti N C, Naguib M, Ostadhossein A, et al. Effect of metal ion intercalation on the structure of

MXene and water dynamics on its internal surfaces[J]. ACS Applied Materials & Interfaces, 2016, 8（14）: 8859-8863.

[146] Pan X H, Shinde N M, Lee M, et al. Controlled nanosheet morphology of titanium carbide $Ti_3C_2T_x$ MXene *via* drying methods and its electrochemical analysis[J]. Journal of Solid State Electrochemistry, 2020, 24（3）: 675-686.

[147] Shen J, Liu G Z, Ji Y F, et al. 2D MXene nanofilms with tunable gas transport channels[J]. Advanced Functional Materials, 2018, 28（31）: 1801511.

[148] Klechikov A, Yu J C, Thomas D, et al. Structure of graphene oxide membranes in solvents and solutions[J]. Nanoscale, 2015, 7（37）: 15374-15384.

[149] Talyzin A V, Hausmaninger T, You S J, et al. The structure of graphene oxide membranes in liquid water, ethanol and water-ethanol mixtures[J]. Nanoscale, 2014, 6（1）: 272-281.

[150] Liu G Z, Shen J, Ji Y F, et al. Two-dimensional Ti_2CT_x MXene membranes with integrated and ordered nanochannels for efficient solvent dehydration[J]. Journal of Materials Chemistry A, 2019, 7（19）: 12095-12104.

[151] Ang E Y M, Ng T Y, Yeo J, et al. Carbon nanotube arrays as multilayer transverse flow carbon nanotube membrane for efficient desalination[J]. Journal of Membrane Science, 2019, 581: 383-392.

[152] Maleski K, Mochalin V N, Gogotsi Y. Dispersions of two-dimensional titanium carbide MXene in organic solvents[J]. Chemistry of Materials, 2017, 29（4）: 1632-1640.

[153] Zheng S X, Tu Q S, Wang M N, et al. Correlating interlayer spacing and separation capability of graphene oxide membranes in organic solvents[J]. ACS Nano, 2020, 14（5）: 6013-6023.

[154] Kang K M, Kim D W, Ren C E, et al. Selective molecular separation on $Ti_3C_2T_x$-graphene oxide membranes during pressure-driven filtration: Comparison with graphene oxide and MXenes[J]. ACS Applied Materials & Interfaces, 2017, 9（51）: 44687-44694.

[155] Liu T, Liu X Y, Graham N, et al. Two-dimensional MXene incorporated graphene oxide composite membrane with enhanced water purification performance[J]. Journal of Membrane Science, 2020, 593: 117431.

[156] Zhang S Y, Liao S Y, Qi F Y, et al. Direct deposition of two-dimensional MXene nanosheets on commercially available filter for fast and efficient dye removal[J]. Journal of Hazardous Materials, 2020, 384: 121367.

[157] Chen L, Li N, Wen Z Y, et al. Graphene oxide based membrane intercalated by nanoparticles for high performance nanofiltration application[J]. Chemical Engineering Journal, 2018, 347: 12-18.

[158] Tham H M, Japip S, Chung T S. WS_2 deposition on cross-linked polyacrylonitrile with synergistic transformation to yield organic solvent nanofiltration membranes[J]. Journal of Membrane Science, 2019, 588: 117219.

[159] Kim J H, Choi Y, Kang J, et al. Scalable fabrication of deoxygenated graphene oxide nanofiltration membrane by continuous slot-die coating[J]. Journal of Membrane Science, 2020, 612: 118454.

[160] Cho K M, Lee H J, Nam Y T, et al. Ultrafast-selective nanofiltration of an hybrid membrane comprising laminated reduced graphene oxide/graphene oxide nanoribbons[J]. ACS Applied Materials & Interfaces, 2019, 11（30）: 27004-27010.

[161] Kang J, Choi Y, Kim J H, et al. Functionalized nanoporous graphene membrane with ultrafast and stable nanofiltration[J]. Journal of Membrane Science, 2021, 618: 118635.

[162] Pandey R P, Rasheed P A, Gomez T, et al. A fouling-resistant mixed-matrix nanofiltration membrane based on covalently cross-linked $Ti_3C_2T_x$（MXene）/cellulose acetate[J]. Journal of Membrane Science, 2020, 607: 118139.

[163] Wu Z T, Gao L, Wang J, et al. Preparation of glycine mediated graphene oxide/g-C_3N_4 lamellar membranes for nanofiltration[J]. Journal of Membrane Science, 2020, 601: 117948.